Kurt Kotrschal
Hund & Mensch

PIPER

Zu diesem Buch

Neue Erkenntnisse der Wissenschaft verändern den Blick auf den Hund, unseren engsten und doch so oft gering geschätzten Gefährten. Erstaunlich, was wir alles vor einigen Jahren noch nicht über unseren *besten Freund* wussten. Weltweit leben Menschen mit Hund gesünder als ohne, und Kinder in Begleitung von Hunden wachsen zu verantwortlicheren und klügeren Erwachsenen heran. Wenn die Beziehung zwischen Mensch und Hund stimmt, kann der Vierbeiner einen wesentlichen Beitrag zu einem gelingenden Leben leisten. Damit wir mit einem Hund glücklich werden – und der Hund umgekehrt mit uns – braucht es übrigens ganz ähnliche Zutaten wie für eine gute Beziehung zu Kindern: Aufmerksamkeit, liebevolle Konsequenz, ein wenig Führungsqualität, Empathie gepaart mit ein bisschen Wissen und einen respektvollen Umgang. Soziale Kompetenz eben.
Hunde erinnern uns manchmal daran, dass wir nicht die Beherrscher dieser Erde sind, sondern ihr Gast. Eine menschliche Zukunft ist eigentlich nur mit Hund und in Respekt vor allen anderen Lebewesen dieser Welt denkbar. Zoologisch gesehen sind wir ja selbst Tiere – auch ein Grund, warum wir einander so gut verstehen, warum wir tatsächlich seelenverwandt geworden sind. Esoterisch? Nein, eine Zusammenfassung der neuesten Ergebnisse der experimentellen Biologie!

Kurt Kotrschal, Professor an der Universität Wien, ist Leiter der Konrad-Lorenz-Forschungsstelle Grünau und Mitbegründer des Wolfsforschungszentrums (www.wolfscience.at) in Ernstbrunn, Wissenschaftler des Jahres (2010). Sein Buch *Wolf Hund Mensch* wurde 2013 als Wissenschaftsbuch des Jahres ausgezeichnet.

Mehr über unsere Autorinnen, Autoren und Bücher:
www.piper.de

Von Kurt Kotrschal liegen im Piper Verlag vor:
Hund & Mensch
Wolf – Hund – Mensch

Unser Versprechen für mehr Nachhaltigkeit
• Klimaneutrales Produkt
• FSC®-zertifiziertes Papier
• Hergestellt in Europa

FSC www.fsc.org MIX Papier | Fördert gute Waldnutzung FSC® C083411

Ungekürzte Taschenbuchausgabe
ISBN 978-3-492-31532-6
1. Auflage Mai 2020
5. Auflage Dezember 2024

Fotos: Ingo Pertramer (2), Wolfsforschungszentrum WSC/Kurt Kotrschal (10, 11)
Walter Vorbeck (22), Rooobert Bayer (alle anderen Abbildungen)
Umschlaggestaltung: zero-media.net, München
nach einem Entwurf von Cora Akdogan
Umschlagabbildung: Aris Sánchez
Satz und Grafische Gestaltung: Burghard List
Druck und Bindung: CPI books GmbH, Leck
Printed in the EU

Kurt Kotrschal

HUND & MENSCH

Das Geheimnis unserer Seelenverwandtschaft

PIPER

INHALT

Allen Menschen gewidmet, denen das Leben mit Hunden ein Bedürfnis ist, und allen jenen, die dieses Glück noch für sich entdecken werden. Und natürlich unseren Hunden seit 1978, Rolfi, Basko, Briska und Bolita, die ihren Anteil daran hatten, dass unsere beiden Kinder heute erfolgreich im Leben stehen.

EINLEITUNG

Mensch – Hund:
Eine wundersam unentbehrliche Beziehung

Hunde bewirken wahre Wunder als Gefährten im Zusammenleben mit Kindern, Alten, aber auch mit Erwachsenen in der Rushhour ihres Lebens. Das meinen nicht nur die überzeugten Hundemenschen, das belegen in beeindruckender Weise auch die wissenschaftlichen Ergebnisse der letzten Jahre.

Wie kann „nur" ein Tier für so viele Menschen derart wichtig sein? Ich bin überzeugt, dass das an unserer langen gemeinsamen Geschichte liegt. Seit mehr als 30 000 Jahren leben so gut wie alle Menschen in mehr oder weniger engem Kontakt zu Hunden. Will man Menschen verstehen, wäre es seltsam, die Beziehung zum Hund nicht mitzudenken und mitzuforschen – manche unter unseren Kolleginnen und Kollegen halten Hunde sogar in vielerlei Aspekten für geeigneter, das menschliche Sozialverhalten zu verstehen, als zum Beispiel die viel näher mit uns verwandten Schimpansen.

Umgekehrt können Hunde nicht verstanden werden, ohne den Menschen mitzudenken. Nicht dass sie es nicht wert wären, um ihrer selbst willen erforscht zu werden. Aber eigentlich ist es nicht zielführend, denn ohne den Menschen gäbe es sie nicht. Und so könnte das hoch konzentrierte

Destillat aus diesem Buch lauten: Als domestizierte Wölfe haben sich Hunde derart eng an das Zusammenleben mit uns Menschen angepasst, dass sie als soziale Hybridwesen und Mittler irgendwo zwischen uns und den anderen Tieren stehen. Das ist ein Schluss, der nicht etwa dem vorurteilsbehafteten Hirn eines sentimentalen Hundefreundes entspringt, sondern der von den neuesten wissenschaftlichen Erkenntnissen untermauert wird.

Wobei die Wissenschaft Hunde in ihrer Beziehung zum Menschen erst spät als Forschungsgegenstand entdeckt hat. Zwar werden Hunde schon länger im Dienste der Wissenschaft eingesetzt, zum Beispiel als Laborhunde, um neue chirurgische Verfahren zu testen, bevor diese am Menschen angewandt werden. Doch die Verhaltens-, Evolutions- und Kognitionsforschung machte lange einen weiten Bogen um privat gehaltene Hunde: Was könne man von einem domestizierten Tier schon lernen? Und all diese Hundebesitzer und -besitzerinnen in ihren anstrengenden Spielarten, all die vielen unterschiedlichen Bedingungen, unter denen Hunde mit ihren Menschen leben … Das sei nicht untersuchbar, da nicht standardisierbar. So dachten noch vor zwei Jahrzehnten die meisten meiner Kolleginnen und Kollegen.

Doch dieses Bild hat sich gründlich gewandelt. Ab 1990 machten vor allem Vilmos Csányi, Adam Miklósi, Josef Topál und deren Team an der Eötvös-Universität in Budapest auch privat gehaltene Hunde in der Forschung salonfähig. Den knappen Mitteln geschuldet, erkannten sie in Kumpanhunden eine günstige Ressource zur Beantwortung höchst spannender wissenschaftlicher Fragen, auch was das Sozialleben des Menschen betrifft. Das ungarische „Family Dog Project“

wurde zum Vorreiter einer Forschung, die sich rasch um die ganze Welt ausbreitete und die gerade in den letzten paar Jahren noch deutlich an Fahrt aufgenommen hat. Von all den Gruppen, die sich weltweit mit Hunden beschäftigen, gehören zweifellos die in Budapest und wir in Wien zu den produktivsten. Darum wird hier auch immer wieder von ihren und unseren Ergebnissen zu lesen sein.

Dieses Buch konzentriert sich auf die sozialen und geistigen Fähigkeiten der Hunde und darauf, wie wir Menschen von ihnen profitieren können – und hoffentlich sie von uns. Geistige und soziale Fähigkeiten sind nur aus dem evolutionären Zusammenhang heraus zu erklären. Nicht nur bei Menschen und Wölfen müssen die Ökologie und das Sozialsystem mitgedacht werden, sondern auch bei Hunden. Deren relevanter „ökologischer" Kontext ist der Mensch und seine Kulturumgebung.

Beginnen möchte ich Kapitel 1 mit einer ganz persönlichen Schilderung jener Ereignisse in meinem Leben und meiner Forschung, die mich immer mehr in das Thema Hund-Mensch hineinzogen haben. Außerdem werde ich von den vielfältig positiven Wirkungen von Hunden auf die geistige und körperliche Gesundheit von Menschen aller Altersstufen berichten.

In Beziehung zu Hunden fühlen sich Menschen nicht nur subjektiv wohler als Leute ohne Hund, sie sind auch tatsächlich aktiver, sozial besser vernetzt und gesünder, wie umfassende und weltweite Studien zeigen. Wachsen Kinder mit einem Hundegefährten auf, bedeutet das Vorteile für ihre körperlichen, geistigen, emotionalen und sozialen Fähigkeiten, für ihr Selbstbewusstsein und ihre Verantwortung für andere. Kinder und Hunde, Menschen und Hunde, gehören deshalb zusammen.

Besonders stark und auf vielfältige Weise profitieren Personen in herausfordernden Lebenssituationen von einem Leben mit Hund: vom Kleinkind in schwierigen Familienverhältnissen über Kranke bis hin zu allein lebenden Alten. Zu den Vierbeinern fassen auch jene Kinder und Erwachsene Vertrauen, denen in früher Kindheit keine optimale Zuwendung zuteilwurde. Hunde erleichtern es, emotionale Beziehungen zu anderen Leuten zu entwickeln und mit dem Unbill des Lebens zurechtzukommen. Darum werden Hunde auch immer häufiger als Assistenten im Rahmen unterschiedlichster Therapien eingesetzt.

Das Leben mit Hund schützt zudem wirksam gegen Altersdepression. Eigentlich eine sensationelle Nachricht, denn Altersdepressionen machen unselbstständig und töten. Fehlen nachhaltig Antrieb, soziale Kontakte, Regelmäßigkeit und Sinn, wird es gefährlich. Eine balancierte Emotionalität hingegen gilt als wichtigste Basis für ein langes und gesundes Leben.

Hunde sind ausgezeichnete „soziale Schmiermittel". Für ein altes Ehepaar bildet sein Hund den Fokus der gemeinsamen Fürsorge, und über den Hund bleiben Menschen mit anderen in ihrem Umfeld verbunden.

Hunde geben genau die Zuwendung, die besonders alte Menschen dringender brauchen als ein Stück Brot – bedingungslos, nicht von Äußerlichkeiten, von Schönheit oder geistiger Brillanz abhängig. „Aschenputteleffekt" wird das genannt. Und wenn Aschenputtel ein wenig vergesslich wird, ist das dem Hund auch egal.

Beinahe könnten in Sozialberufen tätige Menschen auf den sozialen Wunderwuzzi Hund eifersüchtig werden. Denn die positiven Effekte von Hunden als Sozialgefährten sind so gut belegt, dass etwa im amerikanischen Rechtssystem Eltern wegen sozialer Deprivation geklagt werden können, wenn sie ihrem Kind zugemutet haben, ohne Hund aufzuwachsen.

In Kapitel 2 widme ich mich der Frage, warum Hunde für uns in einer aus den Fugen geratenden Welt so wichtig sind, um die Bodenhaftung nicht zu verlieren. Offensichtlich sind Hunde für den modernen Menschen ja nicht so sehr Arbeits-, als vor allem Sozialkumpane. Entsprechend wird es in diesem Buch auch eher um Hunde gehen, die „zu nichts nütze" sind: die nicht täglich Menschen aus Trümmern oder Lawinen retten oder Verbrecher fangen, sondern die einfach nur „da" sind.

Warum Hunde heute so wichtig sind, mag viele Gründe haben. Einer ist aber sicher, dass wir uns im Spiegel von Hunden auch als Menschen deutlicher erkennen. Viele Leute gefallen sich in ihrer Rolle als ach so rationaler moderner Mensch. Aber es braucht nicht viel, um den Kern des Menschseins freizulegen: eine immer noch tiefe Verwurzelung in der Natur, in den Emotionen und letztlich auch in der Spiritualität. Menschen sind prinzipiell auf der Suche, meist nach sich selbst, immer aber nach dem Glück. Noch nie lebten so viele Menschen gleichzeitig, noch nie waren wir anthropozentrischer, also stärker auf uns Menschen konzentriert als heute. In dieser komplexen, oft Angst machenden Zeit übernehmen Hunde immer öfter die Rolle eines „emotionalen Blindenhunds" oder eines „sozialen Pfadfinders".

In Kapitel 3 werden wir sehen, wie sich Hunde im Laufe der Zeit an ein Zusammenleben mit uns Menschen angepasst haben: Welche Fähigkeiten sie entwickelt, welche sie im Laufe der Hundwerdung im Vergleich zum Wolf verloren haben. Aus den vielen kleinen Puzzlesteinen der Forschung möchte ich hier ein möglichst klares Bild der gegenwärtigen Erkenntnisse zu Wölfen und Hunden zeichnen. Hier wird auch viel von unserer Forschung in Ernstbrunn mit handaufgezogenen Wölfen und Mischlingshunden die Rede sein.

In Kapitel 4 geht es auch um die Gründe, warum Menschen mit Hunden nicht nur leben wollen, sondern dies auch können, teilen wir doch zumindest innerhalb der Säugetiere einen erheblichen Teil jener Strukturen und Mechanismen in Gehirn und Physiologie miteinander, die uns das innerartliche Sozialsein mit Menschen ermöglichen. Hunde sind also nicht irgendwelche an uns angepasste „Aliens". Sozial und emotional ticken sie weitgehend so wie wir.

Es ist sogar vorstellbar, dass in einer Art Koevolution Hunde Beiträge zur menschlichen Sozialentwicklung geliefert haben. Der Nachweis ist schwierig, denn seit 35 000 Jahren gibt es keine Menschen ohne Hunde, es fehlt also eine „Kontrollgruppe". Menschen sind ob der langen gemeinsamen Geschichte ohne Hunde aber zumindest unvollständig. Diese Einsichten zur ganz besonderen und schon lange währenden Beziehung zwischen Menschen und Hunden begründen meiner Ansicht nach ein „Menschenrecht auf Hundehaltung". Jedenfalls lassen sie erahnen, warum Hunde für uns Menschen derart wichtig wurden.

Dass gerade Kinder und Tiere, insbesondere Hunde, zusammengehören, entspricht einem evolutionär grundgelegten Bedürfnis, von dem ebenfalls in Kapitel 4 die Rede sein wird: unserem Wunsch nach Kontakt zur Natur. Die lange gemeinsame Geschichte mit Wölfen und Hunden mag dazu beigetragen haben, dass Menschen gemäß dem großen

US-amerikanischen Biologen Edward Wilson ein „biophiles“ Wesen entwickelt haben, was bedeutet, dass wir nahezu instinktiv an Tieren und Natur interessiert sind.

In Kapitel 5 begebe ich mich auf die lange gemeinsame Reise von Menschen und Wölfen bzw. Hunden durch die Zeit. Hunde sind die längstgedienten Tiergefährten des Menschen. Genetische Ergebnisse legen nahe, dass die große Ausbreitungswelle des *Homo sapiens* aus Afrika über die Erde, die vor etwa 60 000 Jahren begann, unsere Vorfahren bereits vor etwa 40 000 Jahren in Kontakt mit Wölfen brachte.

In Eurasien trennten sich vor etwa 35 000 Jahren erstmals die Genome von Wölfen und Hunden. Die ersten Mammutjägercamps tauchten auf, und ungefähr 15 000 Jahre später verschwand der Neandertaler – wozu das Bündnis unserer Vorfahren mit Wolf und Hund möglicherweise beigetragen hat. Die meisten Gene unserer Hunde entstanden allerdings viel später: vor etwa 17 000 Jahren in Südostasien. Noch nicht allzu lange wissen wir einigermaßen gesichert, was zwischen Mensch und Wolf bzw. Hund in den letzten 35 000 Jahren geschehen ist. Vor wenigen Jahren hätte dieses Kapitel noch viel mehr Fragezeichen enthalten – der Erkenntnisgewinn durch neueste genetische Ergebnisse ist hier tatsächlich enorm.

Mit dem Sesshaftwerden der Menschen und einer zunehmenden Auslese auf Zahmheit entwickelten sich auch immer mehr Aufgabenfelder für Hunde. Aus den altsteinzeitlichen Jagdgefährten wurden geschätzte Partner im Krieg und beim Hüten und Verteidigen von Herden. Diensteifrige Hunde heute schützen, retten, sind unentbehrliche psychische und physische Assistenten von Menschen mit Behinderung, erschnüffeln Sprengstoff, sind wertvolle

Ko-Therapeuten und vieles mehr. Die über Jahrtausende entwickelte Symbiose zwischen der menschlichen Übersicht und dem Sinneswunder Hund erbringt erstaunliche Spitzenleistungen in einer schier unglaublichen Fülle von Bereichen.

Von Anfang an waren Hunde respektierte, gelegentlich missbrauchte Sozialgefährten der Menschen. Sie sind eine Art verlängertes Ego, werden geachtet und verachtet, geliebt und gehasst, wie wir sonst nur Menschen lieben oder hassen können. Vielleicht fällt es Menschen sogar leichter, Hunde bedingungslos zu lieben als andere Menschen? Umgekehrt scheint es jedenfalls so zu sein: Menschen sind für Hunde offensichtlich wichtiger geworden als die eigenen Artgenossen.

Hunde sind zwar offensichtlich keine Wölfe mehr. Dennoch werden sie und die Beziehungskiste mit ihren Menschen nur verständlich, wenn man sie mit Wölfen vergleicht. Ein solcher Vergleich zeigt, worin die Anpassungen der Hunde an das Zusammenleben mit Menschen bestehen. Im Licht der heutigen Forschung müssen wir die süßlichen, von Vorurteilen geprägten Szenarien der Erstbegegnungen genauso überdenken wie die gängigen Ideen, was im Verlauf von 35 000 Jahren Domestikation, also dem Prozess der Hundwerdung, wirklich geschah.

Viele nehmen an, dass aus den wilden und aggressiven Wölfen schrittweise die sanften, uns zugewandten und kooperationsbereiten Hunde wurden. Aber Hunde wurden nicht einfach nur netter. Ihre Anpassungen an alle Arten von Menschen und Lebensumständen erzeugten ein komplexes Mosaik von Eigenschaften, aus dem die ganze Vielfalt der heute lebenden Hunde mit ihren auch genetisch nachweisbaren Unterschieden wurde. So ist es kein Widerspruch, dass das Prinzip der Selektion auf Zahmheit zwar als wichtigster Mechanismus der Domestikation gelten kann, dass Hunde aber dennoch in vielen Situationen aggressiver reagieren als Wölfe. Der Schlüssel zum Verständnis dieses scheinbaren Paradoxons liegt in der Gruppenbezogenheit von Menschen, Wölfen und Hunden, wie in Kapitel 6 nachzulesen sein wird. Dies wurde von den bisherigen, relativ schlichten wissenschaftlichen Hypothesen zur Domestikation des Wolfs noch zu wenig bedacht.

Spannende neue Ergebnisse belegen beileibe nicht nur, was Menschen, die mit Hunden leben, „schon immer" wussten. Wir können heute immer besser beurteilen, wie stark Hunde in ihrer Denk- und Beziehungsfähigkeit unterschätzt – oder auch überschätzt – werden. Ich hoffe, mit diesem Buch einen Beitrag leisten zu können, viele Vorurteile und schiefe Bilder zu korrigieren.

Im Spiegel der Hunde sehen wir heute aber auch Menschen als soziale und kooperative Wesen in einem neuen Licht. Das hat zu einem Gesinnungswandel im Umgang mit Hunden geführt: vom „Dominieren" hin zur partnerschaftlichen Beziehung, allerdings mit „Leadership" durch den Menschen. Das ist kein alter Wein in neuen Schläuchen, sondern ein modernes Konzept, wie ich in Kapitel 7 ausführen werde. Ein respektvoller und motivierender Umgang und sozial kompetentes Führen sorgen für gute und verlässliche Beziehungen nicht nur mit unseren Mitmenschen, sondern auch mit Hunden. Dies steht durchaus im Einklang mit dem sich immer stärker durchsetzenden Bewusstsein, dass wir Menschen genauso Gast auf dieser Erde sind wie alle anderen Spezies, nicht aber die Herren der Welt – und wenn wir klug sind, auch nicht die Herren der Hunde.

Wir forschen am Hund und finden die Natur des Menschen. Dabei vermenschlichen wir die Hunde. Doch das ist nichts Besonderes. Menschen kommen mit ihrer Welt genau deshalb zurecht, weil sie alles „vermenschlichen", was für sie von Belang ist. Mit unseren Menschenhirnen und Menschenerfahrungen können wir gar nicht anders. Meist halten wir das für etwas Schlechtes – spätestens seit sich der Mensch im Verlauf der abendländischen Religions- und Geistesgeschichte zur „Krone der Schöpfung" erhoben und sogar zu der ungeheuerlichen Annahme verstiegen hat, der Geist hätte mit dem Körper nichts zu tun. „Geist" käme in dieser Vorstellung natürlich nur Menschen zu. Erstaunlicherweise glauben das manche bis heute. Dies führte auch zu der eigentlich nicht sehr intelligenten Frage, wodurch sich „der Mensch" vom „Tier" unterscheide. Nach 200 Jahren biologischer und 20 Jahren kognitionsbiologischer Forschung wissen wir inzwischen: durch nicht allzu viel.

Erstaunlicherweise kann man Leute immer noch verstören, wenn man von „Menschen und *anderen* Tieren" spricht, wie es unter Biologinnen und Biologen mittlerweile üblich geworden ist, in Anerkennung der Darwin'schen Erkenntnis, dass buchstäblich alle Unterschiede zwischen Menschen und (eben anderen) Tieren gradueller und nicht prinzipieller Natur sind. Für Hunde mag das noch durchgehen, denn sie werden in einem erstaunlichen Ausmaß als Teil der eigenen Person gesehen, als Partner auf Augenhöhe.

Aber natürlich sind Hunde keine Menschen. Zumindest sehen sie doch etwas anders aus (wobei ich mir da nicht einmal immer sicher bin angesichts der oft frappierenden physiognomischen Ähnlichkeiten zwischen Hunden und „ihren" Menschen). Ich werde in Interviews oder von sendungsbewussten Menschen recht häufig gefragt, ob die Vermenschlichung der Hunde – gemeint sind hier jene, die am Tisch mitessen und rosa Rüschenmäntelchen tragen – nicht schrecklich sei. Hintergrund für diese moralisierende Steilvorlage ist wohl der beunruhigende Eindruck, dass viele Leute ihre Hunde mehr lieben als zum Beispiel bedürftige Kinder. Das wäre aber ein unzulässiger Vergleich zwischen moralischen Äpfeln und Birnen. Ich jedenfalls erkläre meinem meist überraschten Gegenüber gewöhnlich, man könne Hunde eigentlich gar nicht vermenschlichen. Denn die hätten das in ihrer lange dauernden evolutionären Anpassung an uns bereits selbst besorgt.

Mehr zu Gegenwart und Zukunft der gesellschaftlichen und individuellen Beziehung zum Hund wird in Kapitel 8 zu lesen sein. Dort wird es unter anderem um hundespezifische Bedürfnisse gehen: Neben gesunder Ernährung und Bewegung, neben gemeinsamer Arbeit, Spiel und Spaß an der frischen Luft ist das vor allem die soziale Nähe und gute Beziehung zu ihren Menschenpartnern, fallweise zu anderen Hunden. Aber sind das wirklich nur hundespezifische Bedürfnisse? Oder doch ziemlich genau jene Faktoren, die wir Menschen für ein gutes, glückliches Leben benötigen? Tatsächlich verschwimmen hier die Artgrenzen zwischen Hund und Mensch. Eine hundegerechte Stadt und hundefreundliche Gesellschaft sind fast automatisch auch menschen- oder kindergerecht und kinderfreundlich.

Warum erleben wir gerade mit der Verstädterung einen nahezu weltweiten Boom der Beziehung zu Hunden?

Hunde stellen inzwischen einen bedeutenden ökonomischen Faktor dar: Mehr als eine Million Menschen in Österreich leben mit 700 000 Hunden, für Deutschland sind die Werte in etwa zu verzehnfachen. Anderswo, wie in den USA, sind die Zahlen sogar noch höher. In Österreich wird jährlich mehr als eine Milliarde Euro pro Jahr durch Hundehaltung umgesetzt, für Deutschland schwanken die Schätzungen zwischen drei und zehn Milliarden. Das bedeutet mindestens 200 Millionen Euro an Steuereinnahmen und die Sicherung von 5000 Arbeitsplätzen allein in Österreich (in Deutschland entsprechend mehr).

Ist dieser Hundeboom Ausdruck einer steigenden Humanität, die Tiere mit einschließt? Oder versuchen Stadtmenschen unbewusst den Verlust an Naturbeziehung und/oder soziale Defizite zu kompensieren? Familien- und Kleingruppenersatz? Ist der Hund gar Fluchtpunkt aus einer immer komplizierteren, globalisierten, digitalisierten und kommerzialisierten Welt? Eine einfache Antwort auf diese Fragen gibt es nicht. Mensch-Hund-Beziehungen sind so vielfältig wie die Beziehungen zwischen Menschen. Es kann deshalb keine „allgemein gültigen" soziologischen Erklärungen für alle Mensch-Hund-Beziehungen geben. Nur eines gilt immer: die sozialen Grundmuster der Beziehung als Erfüllung wechselseitiger sozialer Grundbedürfnisse, die letztlich im Zentrum dieses Buches stehen.

Natürlich verursachen nicht wenige Hunde auch Probleme: Pro 100 Hunde gibt es jedes Jahr etwa einen verletzten Menschen, wobei diese Zahl je nach Informationsquelle und Weltgegend erheblich variiert. Hunde können sogar töten, meist Kinder – was selten, aber doch vorkommt. Dass solche Katastrophen häufig innerhalb der Hunde-Familie passieren, lässt auf schwere Beziehungsprobleme zwischen diesen Menschen und ihren Hunden schließen.

Im Vergleich dazu ist es ein geringes, wenn auch das Zusammenleben mit Hunden in der Gesellschaft belastendes Ärgernis, dass Hunde noch immer Gehsteige „verzieren“, dass sie die Kinder genervter Mütter in Panik versetzen („Er will ja nur spielen!“) oder die Nachbarschaft aus dem Schlaf bellen. Hunde verursachen Kosten und können zum Konfliktfall werden – genau wie Menschen auch. In der Folge kommen leider viel zu viele Gemeinden auf die Idee, Hundehaltung schikanös zu erschweren, anstatt sich um ein besseres Miteinander zu bemühen. Eine solche Schikane ist die flächendeckende Leinen- oder gar Maulkorbpflicht. Schade und nicht besonders intelligent, denn angesichts des sozialen Potenzials von Hunden sind solche Vorschriften ein Schuss ins Knie – und eine Missachtung des Bedürfnisses eines erheblichen Teiles der Menschen, mit Hunden gut zusammenzuleben.

Das Bedürfnis und auch das Recht von Menschen, mit Hunden zu leben, gibt jedenfalls hinreichend Anlass, den gesellschaftlichen Bedingungen und den konkreten Erfordernissen der Hundehaltung mehr Aufmerksamkeit zu schenken, zum Beispiel im Wohnungs-, Siedlungs- und Städtebau. Viele Städte wie Paris, New York oder Wien zeigen bereits ein hunde- und daher menschenfreundliches Gesicht. Aber es gibt überall noch Luft nach oben. Gerade weil es den Menschen ein Bedürfnis scheint, müssen Hunde im zukünftigen politischen und gesellschaftlichen Diskurs eine wesentlich größere Rolle spielen. Aus menschlicher Sicht als unsere wichtigen Gefährten, aber genauso aus Sicht der Hunde, die sich zunehmend zu unseren Sozial*partnern* entwickelt und sich damit von ihrem Status als „Pets“, also eine Art lebendiges Spielzeug, emanzipiert haben.

Was wir Menschen nicht mit Hunden teilen, sind unsere hoch entwickelte Fähigkeit zur komplexen Symbolsprache und unser Mythen- und Geschichtenerzählergehirn. Darum kann die Wolf-Hund-Mensch-Geschichte auch nur von Menschen erzählt werden. Bedauerlich. Es wäre höchst spannend, auch die Hundeversion unserer Partnergeschichte zu hören.

Wenn sie es könnten, würden Hunde diese Beziehungsgeschichte wohl mit mehr Fokus auf das für sie Wesentliche erzählen, ohne die nahezu zwanghafte menschliche Kompliziertheit. Der Sinn des Lebens für Hunde liegt, auch den neuesten wissenschaftlichen Erkenntnissen zufolge, in guten Beziehungen. Das gilt zwar weitgehend auch für Menschen, doch während wir oft seltsame Konzeptbeziehungen zum lieben Gott, zum Humanismus oder zu Marx benötigen, um einen Sinn im Leben zu finden, sind Hunde einfacher gestrickt: Sie haben und brauchen uns. Punkt. Der Mensch wurde offensichtlich so lange immer gescheiter, bis er schließlich laufend über den eigenen Geist stolperte. Hunden blieb dieses Schicksal erspart. Sie beurteilen weder Schönheit noch Klugheit oder Reichtum. Sie sind – wie angeblich auch der liebe Gott – einfach bedingungslos zugewandt.

Wie sich die Zukunft der Mensch-Hund-Beziehung entwickelt, ist aus gesellschaftlicher Sicht kaum vorherzusagen. Es wird wohl auch in diesem Bereich die Vielfalt der individuellen Lebensentwürfe und Möglichkeiten zunehmen. Ziemlich sicher aber wird in Zukunft die „Seelenverwandtschaft", also die soziale und psychologische Passung zwischen Hund und Mensch, weiter zunehmen.

WAS HUNDE FÜR UNS MENSCHEN TUN KÖNNEN

Das Leben mit Hunden lehrte mich, dass es besser sein kann, von ihnen zu lernen als aus den Büchern alter weiser Männer. Dass ein Hund das soziale Klima in einer Schulklasse entscheidend verbesserte, überzeugte schon um das Jahr 2000, also in der „Steinzeit" der Mensch-Hund-Forschung, den skeptischen Naturwissenschaftler in mir. Inzwischen zeigen immer mehr Forschungsergebnisse, dass sich ein Leben mit Hund vielfältig positiv auf das Wohlbefinden und die Gesundheit von Menschen auswirkt.

Zwei „Erweckungserfahrungen" haben meinen Blick auf Hunde und meine Einstellung zu ihnen stark verändert. Das erste große Aha-Erlebnis hatte ich um das Jahr 2000, als unsere Arbeitsgruppe an der Universität Wien die Wirkung der Anwesenheit eines Hundes auf das soziale Klima in einer Grundschulklasse wissenschaftlich begleiten durfte. Das zweite nicht nur wissenschaftlich beeindruckende, sondern auch emotional beglückende Erlebnis war und ist der respektvolle und partnerschaftliche Umgang mit Wölfen und Hunden bei uns am Wolfs- und Hundeforschungszentrum Ernstbrunn, das ich seit seiner Gründung 2008 gemeinsam mit meinen Kolleginnen Friederike Range und Zsofia Virányi leite.

Natürlich wusste ich schon immer, dass Wissenschaft darin besteht, die richtigen Fragen zu stellen und den Dingen auf den Grund zu gehen. Gehandelt habe ich als junger Mann zunächst aber anders. Gerade in deutschsprachigen Landen wird von Wissenschaftlern und Wissenschaftlerinnen noch immer erwartet, gleichsam unfehlbar über die Dinge Bescheid zu wissen. Doch damit verlassen wir eigentlich den Boden der Wissenschaft: werden zu Ideologinnen und Predigern der eigenen Weisheiten. Ich denke, Neugierde und Zweifel sollen die Wissenschaft antreiben, nicht Gewissheiten und der Glaube, im Besitz der „Wahrheit" zu sein.

Geprägt vor allem von den Büchern der „Hundeweisen" Konrad Lorenz und Erik Zimen glaubte ich als junger Mann zu wissen, wie Hunde und Wölfe ticken. Darum ging ich an unsere ersten Familienhunde auch mit dem Selbstbewusstsein des „Wissenden" heran, anstatt mich einfach auf die Beziehung als Partnerschaft einzulassen und auf diese Weise die Chance zu nutzen, vom Hund zu lernen. Diese Einsicht reifte erst viel später in mir: einerseits mit den ersten Hündinnen in unserem Haus, andererseits ganz entscheidend mit dem Aufziehen der ersten Wolfs- und Hundewelpen am Wolfsforschungszentrum. Aber der Reihe nach.

Vom Saulus zum Paulus oder: Meine Erlösung aus der Verdummung durch Buchwissen

Ich selbst hatte nicht das Glück, mit Hunden aufzuwachsen – auch wenn trotzdem etwas aus mir geworden ist, wäre es doch spannend zu wissen, um wie viel besser ich meine geistigen, emotionalen und sozialen Fähigkeiten mit einem

Hundegefährten hätte entwickeln können. Als 1978, gleichzeitig mit unserem ersten Kind Katharina, ein Welpe ins Haus kam, waren meiner Frau Rosemarie und mir die möglichen förderlichen Auswirkungen eines Hundes auf die Entwicklung von Kindern noch nicht bewusst. Katharina und mein zwei Jahre später geborener Sohn Alexander wuchsen zusammen mit Rolfi auf, einem großen, schwarzen und ebenso schlappohrigen wie kinder- und menschenliebenden Mischlingsrüden. Aus den zwei Kindern wurden auf beiden Beinen im Leben stehende, aus ihrer Mitte heraus agierende Personen.

Ich weiß heute nicht mehr, warum wir gleichzeitig mit dem ersten Baby einen Hund wollten. Vermutlich war eine Spur von klassischem Rollenbild im Spiel: der Frau „ihr" Baby, dem Mann „seinen" Hund. Ich studierte damals begeistert und recht aktiv Zoologie, insbesondere vergleichende Anatomie an der Universität Salzburg. Aber obwohl ich schon bald Assistent für Histologie war, also jemand, der totes Gewebe in dünne Scheiben schneidet, um es unter dem Mikroskop analysieren zu können, interessierte ich mich doch immer mehr für das Verhalten von *lebenden* Tieren (erst Jahre später wurde mir bewusst, dass natürlich auch Menschen zu den Tieren zählen …). Dieses Interesse ließ mich auch die verständlicheren Werke von Konrad Lorenz verschlingen, darunter „So kam der Mensch auf den Hund" aus dem Jahr 1960, oder die Dissertation von Erik Zimen, der in Kiel beim Haustierforscher Wolf (!) Herre das Verhalten von in Gehegen gehaltenen Wölfen mit Pudeln und „Puwos" verglichen hatte. Puwos sind Erst- und Zweitgeneration-Mischlinge zwischen Pudeln und Wölfen.

Zimen war der Frage nachgegangen, ob Hunde wirklich vom Wolf abstammen oder nicht vielleicht doch teilweise vom Goldschakal, wie Konrad Lorenz und andere damals noch meinten. Seine Ergebnisse, die mittlerweile von zahlreichen genetischen Untersuchungen bestätigt wurden, zeigten klar, dass Hunde von Wölfen abstammen. Schakale können mit Wölfen und Hunden zwar fruchtbare Mischlinge zeugen, aber in der Hundwerdung spielten sie offenbar keine Rolle. Konrad Lorenz gab seinen Irrtum später übrigens bereitwillig zu. Dennoch ist sein Büchlein auch heute noch eine erbauliche Lektüre. Und ein interessantes Zeitdokument über die zu jener Zeit sehr hierarchisch verstandene Beziehung zwischen Menschen und Hunden.

Von Anfang an war mein Interesse am Hund stark vom Schielen auf den Wolf motiviert und beeinflusst von den gängigen, ideologisch gefärbten Meinungen zum Unterschied zwischen Wolf und Hund. Heute sehen wir die Domestikation vom Wolf zum Hund als Anpassung des Wolfes an ein Leben mit uns. Dank des Vektors Mensch waren die Wölfe in Hundegestalt sogar überaus erfolgreich: Etwa 200 000 wild lebenden Wölfen in Eurasien und Nordamerika stehen heute etwa eine Milliarde Hunde auf vier Kontinenten gegenüber – aus evolutionärer Sicht ziemlich genial von den Wölfen, Menschen so erfolgreich für sich einzuspannen.

In den 1970er-Jahren dagegen betrachtete man domestizierte Tiere als genetisch, körperlich und vom Verhalten her degenerierte Versionen der Wildformen. Konrad Lorenz nannte dies in seiner drastischen Art „Verhausschweinung“. Er bezog auch den „selbstdomestizierten“ Zivilisationsmenschen als „Mängelwesen“ in dieses

Konzept mit ein, in der Tradition von Arnold Gehlen, eines prominenten Vertreters der philosophischen Anthropologie in der ersten Hälfte des 20. Jahrhunderts, und machte seine Ideen in dem 1973 erschienenen kulturpessimistischen Büchlein „Die acht Todsünden der zivilisierten Menschheit" populär.

Vor dem Hintergrund dieser Uraltideen entwickelte sich unser Rolfi in meinen Augen allzu menschenfreundlich. Statt vermeintlich typisch wölfisches Erbe zu zeigen, wie „Manntreue", „Distanz zu Fremden" und „Tapferkeit", lief Rolfi freundlich wedelnd auf alle Menschen zu. Das nervte mich – ich hielt seine „übertriebene" Menschenfreundlichkeit für ziemlich degeneriert hündisch –, und ich glaubte, das arme Tier autoritär-dominant erziehen zu müssen, oft mit nicht gerade sanften Methoden.

Heute schreibe ich diese Zeilen fassungslos darüber, wie sehr die alten faschistischen Vorurteile zum Wesen des Wolfes damals für Wissen gehalten wurden – und auch darüber, dass nicht wenige das immer noch tun. Zu viel Konrad Lorenz kann also durchaus Schaden anrichten.

Andererseits verbrachten Rolfi und ich viel Zeit miteinander, und es entwickelte sich dann doch eine passable Partnerschaft zwischen uns. Zum Rest der Familie war seine Beziehung ohnehin immer ungetrübt, und nach Rolfis Tod litten wir alle „wie die Hunde".

Aus mehreren Gründen dauerte es ein paar Jahre, bevor der nächste Welpe ins Haus kam: der Eurasier-Rüde Basko. Für die damals noch junge Rasse der Eurasier interessierten sich meine Frau und ich wegen ihrer Wolfsnähe. Eurasier sind Spitz-ähnliche Hunde, die vor etwa 50 Jahren durch die Kreuzung von Wolfsspitz, Chow-Chow und Samojeden entstanden. Genetisch gehören sie damit zur Gruppe der „wolfsähnlichen Hunde".[1]

Würde ich an Gott glauben, hätte ich Basko vielleicht als gerechte Strafe für mein seltsames Verhältnis zum sanften Rolfi auffassen können. Wie Rolfi war Basko schwarz und bullig – doch in allem Übrigen war er das genaue Gegenteil. Wir erlebten mit ihm die für Hunde nicht ganz untypische Mischung aus Sanftheit gegenüber der Familie und erheblicher Aggressionsbereitschaft gegenüber Fremden. Seinem Naturell nach ähnelte er unserem heutigen Wolfsrüden Kaspar am Wolfsforschungszentrum, der seine Alpha-Rolle immer besonders ernst nimmt, aber das konnte ich damals noch nicht wissen.

Basko war „immer im Dienst" und gerierte sich als Reibebaum und „männlicher Rivale". Zwei Machos in einer Familie – das konnte nicht gut gehen! Vor allem aber war Basko Genussbeißer: Er hatte es vorwiegend auf große, starke Männer abgesehen, verschonte aber auch Frauen nicht, wenn es ihm gerade in den Kram passte. Sein Schnappen nach ihm missliebigen Personen konnte spontan erfolgen oder lange geplant sein, kam immer ohne Vorwarnung, mit selbstbewusster Körperhaltung und blitzschnell. So ergriff er eine passende Gelegenheit, eine Nachbarin sehr unsanft am Ellenbogen zu packen, zwei Jahre, nachdem sie ihn als Welpen schreiend daran gehindert hatte, mit ihrem Hund zu spielen. Und wenn es ihm aufgrund unserer Vorsichtsmaßnahmen nicht gelang, sofort gegen männliche Gäste in unserem Haus vorzugehen: Irgendwann nach Stunden oder Tagen würde es gewiss eine Sicherheitslücke geben …

---

1 Parker et al., 2004

Jegliche erzieherischen Versuche, gegen diese Eigenart anzugehen, verliefen erfolglos. Zu Kindern dagegen war Basko immer sanft und duldsam. Hunden gegenüber trat er selbstbewusst und sozial kompetent auf und war stets erfolgreich im Deeskalieren brenzliger Situationen.

Erst als eine Hündin ins Haus kam, wurde Basko sanfter, und noch einmal mehr, als er mit fünf Jahren aus medizinischen Gründen kastriert werden musste. Bis zu seinem Herzinfarkt mit zwölf Jahren (das kommt vom übersteigerten Pflichtbewusstsein!) blieb er jedoch ein unbestechlicher und absolut verlässlicher Wächter von Haus oder Auto.

Durch den Schulhund überzeugt

Durch einschlägiges Werkstudium und eigene Erfahrungen glaubte ich um die Jahrtausendwende, gut über Hunde Bescheid zu wissen. Seit 1990 leitete ich als Professor an der Uni Wien die Konrad Lorenz Forschungsstelle in Grünau, wo wir tief in die Mechanismen des sozialen Zusammenlebens bei Graugänsen, Raben und Waldrappen vorgedrungen und zu der Einsicht gelangt waren, dass Vögel und Säugetiere in ihrem Sozialleben recht ähnlich ticken.[2] Dies beflügelte unser Interesse an der Mensch-Tier-Beziehung, dieser seltsamen Beziehungskiste zwischen Menschen und ihren Hunden, Katzen oder Pferden. Unsere Grundannahme war schon damals, dass die Beziehung zu Kumpantieren oder auch zu anderen Menschen auf ganz ähnlichen Mechanismen des Gehirns und der Physiologie beruht, und zwar

2 Scheiber et al., 2013

sowohl bei Menschen wie anderen Tieren. Es wurde immer klarer, dass die Beziehung zu Hund, Katz & Co. ganz normale Sozialbeziehungen sind, nicht nur „so etwas Ähnliches" wie eine Beziehung. Wir sollten damit weitgehend recht behalten.

Im Jahr 1999 trat das Institut für die interdisziplinäre Erforschung der Mensch-Tier-Beziehung IEMT Österreich an uns heran: In einer Grundschulklasse im 22. Wiener Gemeindebezirk sollte es einen Versuch mit der Anwesenheit eines Hundes geben. Ob wir den wissenschaftlich begleiten könnten?

Das Experiment wurde im Grunde nicht aus wissenschaftlichem Interesse geboren, sondern entsprang dem Wunsch einer Lehrerin, ihre beiden Hunde nicht alleine zu Hause lassen zu müssen, während sie unterrichtete. Dass sich die Wissenschaft hier opportunistisch anschloss, ist ein nicht unüblicher Vorgang bei der Untersuchung von Mensch-Tier-Beziehungen in Institutionen wie Schulen, betreuten Wohngemeinschaften oder Krankenanstalten, denn der Routinebetrieb an diesen Einrichtungen darf durch Forschung nicht beeinträchtigt werden.

Trotz der positiven Einstellung der Schuldirektorin, die selbst ihren Dackel schon länger „illegal" in die Schule mitnahm, dauerte es ein ganzes Semester, bis im Jänner 2000 alle Genehmigungen der Schulbehörde und die Zustimmungserklärungen der Eltern vorlagen und wir mit unserer Untersuchung starten konnten.

Wie es sich für einen Wissenschaftler gehört, war ich zunächst skeptisch und erwartete keine besonderen Auswirkungen des Hundes auf das Verhalten der Kinder und das Klassenklima. Welche Wunderwirkungen waren von einem in der Klasse bloß anwesenden Hund schon zu erwarten? Immerhin gab es neben den Kindern fallweise bis zu drei Lehrerinnen und damit eine Menge Gelegenheit für zwischenmenschliche Beziehungen. Doch mit dieser Voranname sollte ich mich gründlich täuschen. Die Klasse bestand aus 24 Kindern beiderlei Geschlechts im Alter von acht bis zehn Jahren. Die meisten von ihnen waren nicht österreichischer Herkunft, sondern stammten vor allem vom Balkan und aus der Türkei. Neben der Hauptlehrerin gab es eine sogenannte Stützlehrerin und fallweise eine Sprachassistentin für Serbokroatisch und Türkisch. Dass unsere Studie erst im zweiten Semester beginnen konnte, war kein Nachteil, denn bis dahin hatten sich die sozialen Beziehungen zwischen den Kindern und zu den Lehrerinnen bereits entwickelt.

Ab Anfang Februar 2000 zeichneten wir einen Monat lang zunächst ohne Hund mittels einer fix in einer Ecke der Klasse montierten Videokamera das Geschehen in der Klasse auf: mehrmals pro Woche, jeweils in sogenannten „freien Unterrichtssituationen", bei denen die Kinder an unterschiedlichen Stationen in der Klasse Aufgaben lösen, also nicht auf ihren Plätzen sitzen bleiben müssen. Insgesamt sammelten wir etwa 400 Minuten Videomaterial. Eine Diplomandin, Britta Ortbauer, protokollierte von diesen Aufnahmen die beobachtbaren Verhaltensweisen aller Kinder. Ab Ende Februar bis Ende des Semesters kam dann jeden Tag einer der zwei Hunde mit in die Schule. Beide Tiere waren trainiert als Rettungs- und Therapiehunde und kinderfreundlich.

Natürlich ist bei solchen Einsätzen zu beachten, dass die Tiere geschützt werden, denn nur ein Gefährte, der gerne und freiwillig in der Klasse ist, kann auch positive

Effekte erzielen.[3] Um die Hunde nicht zu überfordern, gab es also einfache Regeln. So konnten die Kinder jederzeit, wenn es der Unterricht erlaubte, Kontakt mit dem Hund aufnehmen – außer er lag auf seiner großen Decke in einer Ecke des Klassenraums. Dort musste er in Ruhe gelassen werden.

Die Datenaufnahme war Mitte April abgeschlossen. Nun verglichen wir auf Basis unserer Videos das Verhalten einzelner Kinder in Ab- oder Anwesenheit des Hundes. Eine Gruppe von Psychologinnen und Psychologen der Universität Wien besuchte die Kinder in der Schule und analysierte die Entwicklung bestimmter Persönlichkeitsmerkmale, wie Empathie mit Tieren oder ihre Fähigkeit zur Verantwortlichkeit, und zwar bevor der Hund in die Klasse gekommen war sowie am Ende des Schuljahres.

Die Auswertung der Daten überraschte uns durchaus. So gab es nur in der Klasse mit Hund feststellbare Fortschritte in der Persönlichkeitsentwicklung der Kinder. Ihr Verhalten änderte sich durch den anwesenden Hund individuell zwar recht unterschiedlich, führte aber insgesamt zu einer Verbesserung des sozialen Miteinanders in der Klasse. So gab es ein paar Knaben, die sich in der Zeit vor dem Hund durch starke Aktivität und „originelle“ Interaktionen mit anderen Kindern ausgezeichnet hatten, was aggressives Verhalten mit einschloss. Diese Kinder nahmen sich in Anwesenheit des Hundes deutlich und nachhaltig zurück und suchten besonders viel Aufmerksamkeit durch den Hund. Heute wissen

3 Richtlinien für den Einsatz von Hunden in der Schule können als PDF von der Homepage des österreichischen Unterrichtsministeriums heruntergeladen werden: www.bmbf.gv.at/schulen/unterricht/ba/hundeinderschule/hundeinderschule.pdf?4f7rr2

wir, dass tiergestützte Programme viel wirksamer darin sind, das prosoziale Verhalten von Kindern, also einen rücksichtsvollen und netten Umgang miteinander, zu trainieren als pädagogische Ansätze ohne Tierbeteiligung. Das erklärt sich aus der biophilen Natur des Menschen, auf die ich in Kapitel 4 näher eingehen werde.

Andere Kinder wiederum, die sonst kaum an gemeinsamen Aktionen teilgenommen hatten und im Wesentlichen in ihr Schneckenhaus zurückgezogen an ihren Tischen saßen, wurden in Anwesenheit des Hundes aktiver, suchten mehr als zuvor den Kontakt mit anderen Kindern und beteiligten sich stärker am Unterricht. Der soziale Zusammenhalt in der Klasse verbesserte sich und es gab weniger störend-aggressives Verhalten als ohne Hund. Gleichzeitig stieg die Aufmerksamkeit im Unterricht sowie die Achtung den Lehrerinnen gegenüber, was angesichts des muslimischen Kulturhintergrundes von etwa zwei Dritteln der Kinder und der oft damit verbundenen Skepsis Hunden und weiblichen Autoritäten gegenüber an sich schon eine Errungenschaft war.

Der Hund lenkte also nicht ab, ganz im Gegenteil. Er sorgte für eine höhere Aufmerksamkeit der Kinder und für eine bessere Kommunikation mit den Lehrerinnen, die sich sehr zufrieden über die neue Unterrichtssituation äußerten. Wirklich sensationell aber war, dass die Fehlzeiten der Kinder in der Klasse mit Hund im Gegensatz zur Parallelklasse ohne Hund stark sanken. Die Kinder wollten plötzlich zur Schule gehen! Damit Schule wirksam sein kann, müssen Kinder mitmachen wollen – genau dies bewirkte der Hund. Alle Effekte waren übrigens nachhaltig, sie verschwanden also nicht nach wenigen Tagen und Wochen durch Gewöhnung der Kinder an den Hund.

Damals staunte der skeptische Naturwissenschaftler ob der Wirkungen durch die bloße Anwesenheit eines Hundes, zumal die Tiere nicht einmal in strukturierte pädagogische Programme eingebunden waren. 16 Jahre später ist die Daten- und Erfahrungslage zur tiergestützten Pädagogik nicht mehr so dürftig. Wir denken heute, dass Tiere besonders wirksam und nachhaltig günstig das Sozialverhalten von Kindern beeinflussen, wenn sie lange anwesend sind und Kind und Tier viel Zeit miteinander verbringen dürfen. Kurze, strukturierte Kontakte zwischen Hunden und Schulkindern hingegen mögen zwar gute Ergebnisse bringen, was das sicherheitsrelevante Wissen um den Umgang mit Hunden betrifft. Ich habe aber den Eindruck, dass die pädagogisch-sozialen Wirkungen solcher auf wenige Stunden pro Woche beschränkter Programme eher gering und wenig nachhaltig bleiben.

Hunde wirken besser als Katzen

Beeindruckt von diesem Ergebnis, das ich heute als mein erstes „Erweckungserlebnis" sehe, begannen wir intensiver an der Mensch-Tier-Beziehung zu forschen – meist natürlich an der Mensch-Hund-Beziehung, die besonders gut zu untersuchen ist, weil häufig und entsprechend bedeutend. Wir haben uns aber auch die Mensch-Katze-Beziehung angesehen und vielfältige Beziehungsmuster entdeckt (wobei es sich im Kern auch hier um soziale Beziehungen wie jene zwischen Menschen handelt).[4] Mit einem großen Unter-

4 Kotrschal et al., 2014

schied: Während Hunde als Wolfsabkömmlinge nahezu zwanghaft auf ihr „Rudel" bezogen und kooperativ sein müssen, ist das bei Katzen nicht so. Zwar können Wohnungskatzen oft auf Menschen bezogen sein, Freigängerinnen aber scheinen ihre Leute nicht selten als reine Futterspender zu betrachten, die sie gleichsam gnadenhalber um sich tolerieren. Obwohl in Hunde- und Katzenhirnen identische soziale Mechanismen wirken, wie in Kapitel 5 nachzulesen, ist es also nicht ganz falsch zu behaupten, Hunde hätten „Herrchen" und „Frauchen", Katzen dagegen Servicepersonal …

Die positiven sozialen Wirkungen von Katzen halten sich nach heutigem Kenntnisstand im Vergleich zu Hunden in Grenzen. Katzen kommen seltener im Bereich tiergestützter Aktivitäten und Therapie zum Einsatz, obwohl sie natürlich ähnlich wie Hunde das Beruhigungssystem von Menschen aktivieren und faszinierende Sozialpartnerinnen sein können, gerade wegen ihrer Ungebundenheit und Selbstständigkeit. Es stimmt zwar nicht, dass die Menschheit in Hunde- und Katzenliebhaber zerfällt – viele Leute leben ja mit beiden. Dennoch scheinen non-konformistische, autoritätsskeptische Personen eher Katzen zu bevorzugen. Hunde und Katzen entsprechen also oft einer Art verlängertem Ego ihrer Halter und Halterinnen und können als Markenzeichen der grundlegenden Einstellungen „ihrer" Menschen gelesen werden.

Aber Hunde verbinden auch zwischenmenschlich, beispielsweise auf der Hundewiese oder in den nicht selten netten Gesprächen, die sich ergeben, wenn man mit einem Hund an der Leine von fremden Leuten angesprochen wird. Zudem aktivieren Hunde körperlich. All dies ist bei Katzen weniger der Fall. Daher sind die positiven Wirkungen des

Zusammenlebens mit Katzen auf die Gesundheit auch geringer als im Zusammenleben mit Hunden. Dazu mehr in Kapitel 3.

Hunde als Brückenbauer

Es blieb unserem Zeitalter der Psychologie vorbehalten, die geniale soziale Seite der Hunde zu entdecken. Immer schon waren Hunde wichtige Partner in der menschlichen Spiritualität, beim Jagen, im Krieg oder beim Bewachen von Vieh; immer schon wurden sie geliebt und gegessen, verehrt und verachtet. Sie verteidigen ihre Menschen gegen andere Menschen und Tiere, finden von Lawinen und Erdbeben Verschüttete, erschnüffeln alle möglichen Substanzen – bis hin zu Schadinsekten – oder Krankheiten wie Blasen- oder Lungenkrebs. Als Assistenzhunde erleichtern sie Behinderten den Alltag, warnen vor epileptischen Anfällen oder Unterzuckerung. Das Spektrum der immer spezialisierteren Kooperationsbereiche zwischen Hunden und ihren Menschen erweitert sich fast täglich. Die US-amerikanische Verhaltensexpertin Temple Grandin, eine Autistin, meinte dazu, dass Menschen und Hunde gemeinsam deswegen so unschlagbar seien, weil der Mensch sein unübertreffliches Denken in Konzepten beisteuere, während die Hunde ihre Liebe zum Detail, besonders aber ihre wahrlich unglaublichen Sinnesleistungen einbrächten, vor allem natürlich Geruch und Gehör.[5] Dem ist nicht zu widersprechen.

---

5 Grandin und Johnson, 2005

Dass Hunde sehr wirksame Assistenten in Pädagogik und Psychologie sein können, ist eigentlich keine neue Erkenntnis. Schon Sigmund Freud und Carl Gustav Jung ließen sich besonders dann von ihren Hunden in die Praxis begleiten, wenn sie „schwierige" Klientinnen und Patienten erwarteten. Es fiel diesen dann leichter, sich zu beruhigen und über sehr persönliche Themen zu sprechen.

Ähnliches bemerkte der US-amerikanische Kinderpsychologe Boris Levinson, als er in den 1960er-Jahren einen offenbar traumatisierten Knaben betreute, der trotz aller Therapieversuche mit seiner Umwelt keinen Kontakt aufnahm. Eines Tages kam das Kind mit seinen Eltern zu früh in die Praxis und traf dort auf Levinsons Hund Jingles, der den verstummten Knaben freudig begrüßte. Und das Kind begann zu reden! Dem Hund gegenüber fiel es ihm offenbar viel leichter als mit Menschen. Von da an setzte Levinson Jingles gezielt in der Therapie mit Kindern ein und schrieb schließlich mit seinem Kollegen Garald Mallon ein berührendes Buch darüber.[6]

Von einem fast identischen Schlüsselerlebnis erzählt Henri Julius, Professor für Psychologie und Pädagogik an der Universität Rostock, in unserem Buch „Bindung zu Tieren".[7] Julius ist Spezialist für Menschen, deren Frühbetreuung als Säugling und Kleinkind nicht optimal verlaufen ist. Einmal hatte er schon eine Zeit lang mit einem Knaben zu tun gehabt, der nicht nur beide Eltern an eine Überdosis Heroin verloren hatte, sondern auch Zeuge ihres Todes gewesen war. Das Kind zeigte über mehrere Therapiesitzungen hinweg keinerlei Emotionen und war verstummt, völlig in sich

6 Levinson und Mallon, 1997

7 Julius et al., 2012, 2014

zurückgezogen und verschlossen – bis zu dem Tag, an dem zufällig Henris Hund Toto anwesend war. Der mittelgroße, struppige, schlappohrige Hund leckte dem Knaben über die Wange – und der Bann war gebrochen. Das Kind begann zu weinen und seine Geschichte zu erzählen. Menschen hatte es nicht mehr an sich herangelassen, den Hund schon. Ähnlich wie Boris Levinsons Jingle schaffte es Toto eine Brücke zu dem traumatisierten Knaben zu bauen, die es ermöglichte, therapeutisch mit ihm zu arbeiten.

Fehlt es Kindern in den ersten Monaten und Jahren des Lebens an sensibler und zuverlässiger Fürsorge, entwickeln sie gewöhnlich kein „sicheres" Bindungsmuster, also keine vertrauensvolle, grundsätzlich positive Erwartungshaltung sozialen Beziehungen gegenüber.[8] Laut gängiger Bindungstheorie, die auf die Arbeiten des englischen Arztes und Kinderpsychologen Richard Bowlby und seiner Kollegin Mary Ainsworth zurückgeht, neigen Menschen ohne sichere Bindung zu Misstrauen, emotionaler Instabilität oder zu kontrollierendem Verhalten. Ihnen bedeuten andere Menschen oft nicht beruhigende, emotionale Unterstützung, sondern werden als stressig erlebt. Tieren gegenüber spielt diese als Baby erworbene Erwartungshaltung allerdings eine nur geringe Rolle – ihnen begegnen die meisten Menschen unabhängig von ihren Bindungsmustern mit Freude und Vertrauen. Tiere können so zu sozialen Brückenbauern zwischen Menschen werden.

Heute wissen wir ziemlich viel darüber, warum und wie Tiere solche Wunderwirkungen entfalten.[9] So können schlechte Erfahrungen von Kleinkindern mit Erwachsenen

8 Bowlby, 1969

9 Julius et al., 2014

als Muster für deren zukünftige Beziehungen dienen. Eltern, die verlässlich auf die Bedürfnisse ihrer Kinder eingehen, sie trösten, sie nicht im dunklen Zimmer schreien lassen, sie nicht zurückweisen, werden Nachkommen mit „sicherem Bindungsmuster" heranziehen. Glück gehabt – denn diesen Kindern fällt es später gewöhnlich leicht, vertrauensvolle Beziehungen zu entwickeln. Viele Menschen, denen dieses Glück in der frühen Kindheit nicht zuteilwurde, tragen zudem ein hohes Risiko, später im Leben psychische oder soziale Probleme zu entwickeln. Wie wir schon im erwähnten Band „Bindung zu Tieren" ausgeführt haben, galten in den 1980er-Jahren noch etwa 70 Prozent aller Kinder als sicher gebunden, heute sind es nur noch um die 60 Prozent. Von Mitmenschen werden bei unsicher Gebundenen allzu oft die Stresssysteme aktiviert, das Beruhigungssystem wird abgestellt. Anstatt vertrauensvoll und ruhig auf neue Beziehungen einzugehen, überwiegen Angst und Abwehr.

Die Krux an der Sache ist, dass solche früh erworbenen Bindungsmuster auch auf neue Betreuungspersonen und in Partnerschaften übertragen werden. Das heißt, diese Menschen neigen dazu, ihre bisherigen Beziehungserfahrungen in neuen Beziehungen zu wiederholen, was natürlich eine äußerst ungünstige Situation für eine Therapie darstellt, die den Kindern eigentlich helfen soll. Interessanterweise trifft das auf Kumpantiere wie Hunde aber nicht zu. Es zeigte sich, dass Kinder, zu denen sogar speziell geschulte Personen nur sehr langsam Vertrauen aufbauen können, rasch vertrauensvoll mit einem Hund umgehen – genau wie Kinder mit sicherer Bindung. In einer Therapiesituation kann es sehr lange dauern, bis das Eis bricht. Mit der Hilfe von Hunden gelingt dies offenbar viel rascher.

Die wunderbaren Erlebnisse von Boris Levinson, Henri Julius und anderen waren Anlass genug für uns, genauer zu untersuchen, wie mittels der Assistenz von Hunden einfacher an Kinder aus schwierigen sozialen Verhältnissen heranzukommen ist. Gemeinsam mit Wissenschaftlern und Wissenschaftlerinnen aus Deutschland und der Schweiz untersuchten wir, ob ein anwesender Hund die Belastung von Kindern in einer herausfordernden Situation tatsächlich verringern kann.[10] Das ist eine wichtige Frage: Denn der Stress, den die Begegnung mit Erwachsenen bei diesen Kindern gewöhnlich fördert, blockiert die Gehirnzentren für Vertrauen und Wohlfühlen, was es wiederum schwierig macht, zu ihnen eine vertrauensvolle Beziehung aufzubauen.

Im Rahmen der Studie wurden 47 Knaben zwischen sieben und elf Jahren mit ungünstigen Bindungsmustern eingeladen, an einem Versuch teilzunehmen. Sie sollten zunächst vor zwei freundlichen Leuten eine Geschichte zu Ende erzählen und dann ein wenig Kopfrechnen. Dieser Test nennt sich „Trierer sozialer Stresstest“ und führt zuverlässig dazu, dass sich die Geprüften belastet fühlen und die Ausschüttung des Stresshormons Kortisol ansteigt. Der Clou unserer Untersuchung war, dass die Kinder in der Prüfungssituation emotional unterstützt wurden: ein Drittel durch eine freundliche Studentin, die sie während der Aufgabe lobte, ein Drittel durch einen netten, mittelgroßen Hund und ein Drittel durch einen Stoffhund. Die Knaben wurden zunächst vorbereitet und auf den Test eingestimmt, es folgte die etwa zehnminütige Prüfungssituation und danach eine Chill-out-Phase von 40 Minuten, in der die Kinder zwar

10 Beetz et al., 2012a

im Raum blieben, aber tun konnten, was sie wollten – auch mit dem Hund, dem Stoffhund oder der menschlichen Unterstützerin spielen. Alle zehn Minuten nahmen wir den Kindern Speichelproben ab, aus denen das Stresshormon Kortisol bestimmt wurde.

Das Ergebnis war in seiner Klarheit auch für uns verblüffend. Während es bei den von der Studentin oder dem Stoffhund unterstützten Knaben zu einem starken Anstieg des Stresshormons und zu einer nur langsamen Beruhigung kam, fiel die Stressreaktion der Kinder in der Hundegruppe viel geringer aus und erreichte auch viel rascher wieder das Grundniveau als in den beiden anderen Gruppen. Allerdings zeigten die Kinder in der Hundegruppe starke individuelle Unterschiede: Je mehr sich ein Kind auf den Hund bezog, mit ihm sprach, ihn streichelte, desto stärker fiel die Dämpfung der Stressreaktion aus. Der Hund wirkte also nicht auf irgendeine wundersame Weise, sondern vor allem dann, wenn sich das Kind die emotionale Unterstützung aktiv abholte. In einer Nachfolgestudie fanden wir heraus, was diese unterschiedliche Zuwendung zum Hund verursachte: Kinder, die sich aufgrund ihres Bindungsmusters zu Menschen vermeidend verhielten, taten dies auch dem Hund gegenüber. Folgerichtig gab es auch keine positive Wirkung auf deren Stresshormone.[11] Dieses Ergebnis zeigt, dass als Kleinkind erworbene Stile, mit anderen in Beziehung zu treten, durchaus auch Tieren gegenüber zum Ausdruck kommen.

So ist zu erklären, dass die wenigen sicher gebundenen Knaben in unserer Studie den anwesenden Hund zwar nett

11 Wedl et al., 2015

fanden, dass aber die emotionale Unterstützung durch die Studentin bei ihnen stärker stressdämpfend wirkte.

Unsere Ergebnisse zeigen, dass systematische tiergestützte Arbeit besonders Kindern aus schwierigen Verhältnissen zugutekommen kann. Dass manche Kinder mehr vom Hund profitieren als andere, hatte ja auch unsere Schulstudie schon ergeben: Der anwesende Hund hatte dort besonders viel Einfluss auf Kinder gehabt, die über- oder unterdurchschnittlich aktiv waren.

Die vielen guten Seiten eines Lebens mit Hund

Natürlich werden durch das Aufwachsen mit einem Hund aber auch alle anderen Kinder in vielerlei Weise gefördert. Tiere bereiten Freude, reduzieren Ängste. In der Beziehung zu Tieren trainieren Kinder rascher und nachhaltiger als „nur" in Kontakt mit Gleichaltrigen ihr prosoziales Verhalten, also die Fähigkeit, nett, zuvorkommend, rücksichtsvoll und kooperativ zu sein. Tiere motivieren zu körperlicher Bewegung, was besonders für die Entwicklung der exekutiven Funktionen wichtig ist, also für die Entwicklung von Impulskontrolle, Disziplin, Arbeitsgedächtnis, für das Verfolgen von Zielen, gute soziale Kompetenz und situationsangepasste Flexibilität. Der ausreichende Kontakt zu Beziehungstieren, insbesondere Hunden, fördert also die emotionale, soziale, körperliche und geistige Entwicklung von Kindern.[12]

Auch erwachsene und ältere Menschen können durch ein Leben mit Hunden viel gewinnen. Tatsächlich wurden

12 Diamond und Lee, 2011

seit unserer Schulhundestudie viele neue Ergebnisse publiziert, die die Akzeptanz für die Sinnhaftigkeit eines Lebens mit Tieren gehoben und die Wirksamkeit der Assistenz von Tieren in der Pädagogik, in vielen Bereichen von Therapie oder in der Geriatrie belegt haben.

Die Palette positiver Effekte beeindruckt: Eine Zusammenschau von 67 nach wissenschaftlichen Standards durchgeführten Untersuchungen zeichnet ein umfassendes Bild dieser positiven Wirkungen.[13] Wichtig übrigens, auf die wissenschaftlichen Standards der Untersuchungen hinzuweisen: Ohne ausreichende Zahl untersuchter Fälle, ohne Kontrollgruppe, ohne dass ein Manuskript vor der Veröffentlichung einen strengen „Peer Review"-Prozess durchlaufen hätte – was bedeutet, dass die Arbeit von anderen Fachleuten des Feldes auf ihre Qualität hin beurteilt wird –, ohne strenge Qualitätskriterien also bleibt die Aussagekraft von Studien gering. So gibt es viele ungenügend geplante oder durchgeführte Studien und existiert eine Fülle „grauer Literatur", meist reine Erlebnis- und Erfahrungsberichte, deren Informationen als wichtige Hinweise zwar durchaus ernst zu nehmen sind, die interessante Forschungsbereiche erkennen lassen und dabei helfen, Arbeitshypothesen für wissenschaftliche Untersuchungen zu entwickeln. Als Nachweise von Effekten des Tierkontakts reichen sie aber nicht aus.

Doch selbst nach strengen wissenschaftlichen Kriterien sind viele positive Effekte des Kontaktes mit Tieren, insbesondere Hunden, festzustellen. So bestätigt der Blick durch die Brille der Wissenschaft, dass Kumpantiere die soziale

13 Beetz et al., 2012b

Aufmerksamkeit und die Beziehungen zwischen Menschen fördern, was angesichts der Vereinsamungstendenzen beim „Sozialtier" Mensch wirklich wichtig ist. Wobei der allgemeine Begriff Kumpantier durchaus durch „Hund" ersetzbar wäre, sind Hunde doch die mit Abstand häufigsten und ob ihrer engen sozialen Anpassung an Menschen wichtigsten Tierkumpane. Es ließen sich positive Effekte auf Gestimmtheit und Emotionen nachweisen – keine Kleinigkeit, gilt doch eine ausgewogene Emotionalität als Schlüsselfaktor für ein langes, glückliches und gesundes Leben. Das stellte zum Beispiel der US-amerikanische Psychologe James Coan von der Universität Virginia im Jahr 2011 fest.[14] Tierkontakt und ein Leben mit Hund entspannen. Dass Kumpantiere wirksame Stresspuffer sind, indem sie die Beruhigungs- und Glückssysteme in Gehirn und Physiologie aktivieren, zeigten nicht nur die erhobenen subjektiven Befindlichkeiten. Es ist auch objektiv durch physiologische Veränderungen etwa in der Kortisolausschüttung, beim Blutdruck oder der Herzschlagrate nachweisbar.[15]

Damit wurden wohl die Schlüsselmechanismen gefunden für die positiven Effekte von Beziehungen mit Tieren auf die geistige und körperliche Gesundheit: Hundemenschen leiden zum Beispiel weniger unter Herz-Kreislauf-Erkrankungen und bleiben im Alter länger selbstständig als Leute ohne Hund; und sollten sie dennoch von einem Herzinfarkt betroffen sein, überleben sie hinterher im Schnitt viel länger.[16]

---

14 Coan, 2011

15 Friedmann et al., 1980, 2011

16 Friedmann et al., 1980

Menschen, die mit Tieren leben, zeigen auch geringfügig bessere Immunfunktionen, was ihre Krankheitsanfälligkeit teils erheblich herabsetzt. Und sie können besser mit Schmerzen umgehen, sind ihnen weniger passiv ausgeliefert. Geringfügige Effekte zeigten sich auch im vertrauensvollen Umgang mit anderen Menschen, in einer geringeren Bereitschaft, auf Herausforderungen aggressiv zu reagieren, in erhöhtem Einfühlungsvermögen und sogar in einer verbesserten Lernfähigkeit. Ein Leben mit Hunden und anderen Tierkumpanen verschiebt offenbar das Gleichgewicht zwischen Stress und Beruhigung, zwischen Angst und Glück ein wenig in Richtung des Beruhigungssystems, in dem die Hormone Oxytocin und Dopamin zentrale Rollen spielen.[17]

Im Endeffekt nimmt ein Leben mit Tieren also auf das labile Gleichgewicht zwischen Gesundheit und Krankheit Einfluss. Viel davon scheint über eine positive Wirkung auf das Sozialleben zu laufen. So verdeutlichte Chris Blazina, Psychologe an der New Mexico State University, dass besonders Männer viel für ihre soziale Kompetenz und damit ihre Gesundheit tun, wenn sie in Beziehung zu einem Hund leben und davon lernen.[18]

Wohlgemerkt: Alle diese Effekte beruhen auf der Untersuchung bestimmter Gruppen von Menschen und auf statistischer Analyse. Sie müssen daher nicht für jeden Einzelfall gelten. So können auch Mensch-Tier-Beziehungen scheitern, und bei Weitem nicht alle, die Hunde halten, sind Genies in Sachen sozialer Kompetenz. So gilt das Halten „scharfer" Hunde als verlässlicher Hinweis auf eine anti-soziale

17 Julius et al., 2012, 2014

18 Blazina und Kogan, 2016

Einstellung.[19] Wird ein Hund als Waffe geführt oder zumindest als Ausdruck von Macho-Allüren, wird der solchermaßen instrumentalisierte Vierbeiner kaum als soziales Schmiermittel taugen. Aber dafür kann der Hund nichts.

Man sollte von einem Leben mit Tieren umgekehrt keine Wunder erwarten. Die gefundenen Effekte waren vor allem dort beachtlich, wo Menschen in besonderen Situationen untersucht wurden. Beispielsweise überleben Personen nach ihrem ersten Herzinfarkt das erste Jahr mit einer mehr als achtmal höheren Wahrscheinlichkeit als Leute ohne Hund.[20]

Katzen haben diese Wirkung nicht. Es wurde sogar eher Gegenteiliges festgestellt. *Very sorry,* liebe Katzenmenschen, aber die eben erwähnte Studie hat gezeigt, dass die schnurrenden Vierbeiner das Risiko ihrer Menschen, an Angina Pectoris zu erkranken, sogar erhöhen. Das mag daran liegen, dass Katzen naturgemäß Tiere sind, die kaum zum Spazierengehen anregen. Hunde dagegen zwingen zu regelmäßiger Bewegung und fördern ganz nebenbei die Kontakte zu anderen Menschen.

Wobei sich die positiven Effekte eines Lebens mit Hund nicht in der Förderung von Sozialkontakten und körperlicher Bewegung erschöpfen. In den letzten Jahren hat sich immer deutlicher gezeigt, wie groß der Einfluss des Mikrobioms auf unsere Gesundheit ist, dieser unendlichen Vielfalt von Bakterien und anderen Einzellern, die Haut, Schleimhäute und Darm jedes Lebewesens besiedelt. Unglaublich, aber in der Regel tragen wir mehr körperfremde als eigene Körperzellen mit uns herum. Das mag für manche eklig klingen, ist aber überlebenswichtig.

19 Ragatz et al., 2009

20 Friedmann et al., 1980

Lassen sich auch auf das Mikrobiom positive Effekte durch Hunde finden? Die Antwort lautet: ja. So wird bei Kindern ein gesundes Mikrobiom durch ein nicht allzu hygienisches Aufwachsen unterstützt. Kleine Kinder etwa nehmen gerne „Schmutz" in den Mund – zum Beispiel, wenn sie am nicht immer klinisch sauberen Fell ihres Hundes nuckeln. Diese „Schmutzimpfung" schützt nachgewiesenermaßen vor Allergien im späteren Leben.

Auch das Mikrobiom von Erwachsenen wird durch das Leben mit einem Hund reichhaltiger und robuster. Nach einer Behandlung mit Antibiotika beispielsweise, die dem Mikrobiom generell schweren Schaden zufügen, wird das Mikrobiom von Hundemenschen rascher wieder aufgebaut, was besser gegen Infektionen schützt. Der Körperkontakt mit Hunden ist meist intensiver als mit Katzen, und sie sind auch nicht derart peinlich auf die eigene Sauberkeit bedacht. Sozialkontakt mit Hunden bedeutet also automatisch Kontakt mit wichtigen Mikroorganismen – auch darauf könnte ein Teil der gesundheitsfördernden Wirkung im Vergleich zu Katzen beruhen.

Das Mikrobiom trägt sogar zu einer ausgeglichenen Gemütslage bei – eine der überraschenden Ergebnisse der Mikrobiom-Forschung, die heute weltweit boomt, weil seit einigen Jahren neue genetische Methoden zur Verfügung stehen, Mikroorganismen als Ganze zu analysieren. Ohne großes Risiko wage ich vorherzusagen, dass wir weitere verblüffende Ergebnisse erwarten dürfen, auch was die Beziehung zwischen dem Mikrobiom der Hunde und ihrer Menschen angeht.

Auch wenn sich in den Studien gewöhnlich geringere positive Effekte finden, wenn eine spezielle „Indikation“ für den Tierkontakt, wie ein ungünstiges Bindungsmuster oder der überstandene Herzinfarkt, fehlt, sind sie doch nicht zu unterschätzen. Bewirkt beispielsweise die gute Beziehung zu einem Hund eine etwas bessere Abfederung gegen Alltagsstress und führt sie zu einem geringfügig robusteren Immunsystem, können sich zusammengenommen daraus erhebliche Vorteile für Wohlbefinden und Gesundheit ergeben. Dies wurde in Studien, auf die ich später noch eingehen werde, auch eindrucksvoll nachgewiesen. Pflegen umgekehrt Leute einen extrem ungesunden Lebensstil, wird ein „Hund auf Krankenschein“ nicht die Lösung aller Probleme bedeuten, etwa als Kompensation für zu viel Alkohol oder Rauchen. Er kann die Auswirkungen ungesunder Lebensstile aber zumindest abfedern – wer schon unbedingt rauchen muss, profitiert wenigstens von den regelmäßigen Spaziergängen.

Reine Nützlichkeitsfetischisten mögen anführen, dass der Familienhund eigentlich nur Geld kostet – konkret und übers Hundeleben gerechnet etwa 1 000 Euro pro Jahr –, dass er Aufmerksamkeit und Zeit fordert und allerlei Konflikte mit der Nachbarschaft und der Gesellschaft verursachen kann – wobei solche Konflikte zwar unmittelbar vom Hund ausgelöst werden, die eigentliche Ursache aber immer beim Menschen zu suchen ist, als dessen verlängertes Ego Hunde durchaus gesehen werden können. Solche offensichtlichen Kosten eines Hundes werden freilich durch den erheblichen Nutzen sowohl für den Hundehalter bzw.

die Hundehalterin wie auch für die Gesellschaft gewöhnlich mehr als aufgehoben.

Dass die vielen kleinen positiven Wirkungen des Zusammenlebens mit Hunden zu einem insgesamt robusten Effekt in Richtung größeres Wohlbefinden und bessere Gesundheit führen, zeigen klar die Untersuchungen von Bruce Headey von der Universität Melbourne in Australien. Der Gesundheitsökonom hat zusammen mit anderen mehrere repräsentative, hervorragend geplante und ausgewertete Studien in Deutschland, Australien und China durchgeführt, die zeigen, dass in allen untersuchten Ländern Personen, die kontinuierlich einen Hund hielten, subjektiv und objektiv gesünder waren als die Vergleichsgruppen ohne Hund.[21] Diese Ergebnisse entziehen sich auch der – Momentaufnahmen gegenüber zu Recht geäußerten – Kritik, Hundehalter und -halterinnen seien bereits vor der Anschaffung des Hundes gesünder gewesen als andere. Dies konnte besonders anhand von Leuten in Peking nachgewiesen werden, wo bis 1987 ein Verbot der Hundehaltung galt. Headey und sein Team konnten hier also Personen untersuchen, die zuvor nie einen Hund besessen hatten.

Dabei zeigte sich in allen drei Ländern und Kulturen, dass Hundemenschen zwischen zwölf und 18 Prozent seltener zum Arzt gehen. Schlecht für die Ärztinnen und Ärzte, gut für das Gesundheitsbudget. Dieser Effekt erklärt sich einerseits aus deren objektiv besserer Gesundheit. Andererseits scheint die Beziehung zum Hund, die Notwendigkeit, für ihn zu sorgen, eine übertriebene Selbstzentrierung hintanzuhalten. Den eigenen Wehwehchen wird keine so

21 Headey et al., 2008

große Bedeutung beigemessen, ärztliche Hilfe nur gesucht, wenn es wirklich einen Grund dafür gibt.[22]

Ganz objektiv betrachtet sind Menschen mit Hunden also weltweit glücklicher, gesünder und besser gegen Unbill im Leben gewappnet als Menschen ohne Hunde. So ist der Hund nicht nur für den Hundehalter oder die Hundehalterin selbst von Vorteil, sondern für die ganze Gesellschaft und Volkswirtschaft. Diese Tatsache sollte auch von der Politik viel mehr berücksichtig werden, statt nach jedem Vorfall Anlassgesetzgebung zu betreiben. Die „Bösewichte" unter Hunden und ihren Besitzern oder Besitzerinnen sind, auch wenn sie unverhältnismäßig oft für Negativschlagzeilen sorgen, nur eine kleine Minderheit – viel weniger als beispielsweise Autoraser. Trotzdem verursachen sie unverhältnismäßig oft Negativschlagzeilen. Die große Mehrheit könnte jedoch als Vorbild und Botschafterin für eine gesunde Einstellung zu Welt und Leben dienen. Bis heute wird vernachlässigt, dass die meisten Hunde – also die, die „rein gar nichts" können – für ihre Leute vor allem wichtige Sozialpartner sind, mit erstaunlich positiven Wirkungen auf Gesundheit und Gesellschaft. Diese verblüffenden Wirkungen können zudem als ein sehr deutlicher Hinweis darauf gelesen werden, wie radikal Menschen an ein Leben mit Tieren, vor allem aber mit Hund angepasst sind. Menschen ohne Hunde sind irgendwie „unvollständig". Mit Hund vernachlässigen Menschen weniger ihre grundlegenden, in der Evolution entstandenen Bedürfnisse. Hunde „erden". Mehr dazu im folgenden Kapitel.

---

22 Serpell, 1986

2

—

AUCH MODERNE MENSCHEN BRAUCHEN WURZELN

Immer mehr Menschen leben in Städten, Facebook & Co. ersetzen zunehmend den direkten Sozialkontakt, Beschleunigung, Kommerzialisierung und Beurteilt-Werden durchdringen alle Lebensbereiche. Die einprasselnden Informations-Puzzlesteinchen ergeben immer weniger Sinn und durchschaubare Zusammenhänge. Das macht Angst. Die Beziehung zu Hunden hingegen funktioniert direkt, ohne Bits und Bytes. Hunde stoßen uns mit der Nase auf die elementar menschlichen Bedürfnisse und puffern so effizient soziale Entwurzelung, Angst und Burnout.

Die scheinbaren Wunderwirkungen von Hunden sollten bewusst machen, wie entscheidend Beziehungen zu Menschen und anderen Tieren für unser psychisches und physisches Wohlbefinden sind. Das scheint umgekehrt auch für Hunde zu gelten, denen es vor allem in der Beziehung zu ihren Leuten gut geht.

Zeit mag zwar Geld sein, aber wir können Geld nicht essen. Natürlich: Es ist gut, wenn man es hat, wenn man es braucht. Aber bekanntlich sind materielle Güter keine nachhaltige Basis für Glück und Selbstwertgefühl – im Gegensatz zu funktionierenden Beziehungen. Darunter fallen durchaus auch Beziehungen zu geistigen Werten, zum Denken, zu Ideen, zu spirituell-religiösen Überzeugungen. Auch sie aktivieren Teile unseres sozialen Apparates im Gehirn. Schöne Beziehungen, ob nun zu Menschen oder zu Hunden, Einsichten in Zusammenhänge, die faszinieren, aber auch religiöse Gewissheiten aktivieren die menschlichen Beruhigungs- und Belohnungssysteme.

Warum solche Weisheiten im Zusammenhang mit Hunden? Nun – Hunde sind sowohl geistiges Konzept als auch konkrete Sozialpartner. Wohl jeder Hundemensch sieht in seinem Flocki etwas Besonderes, hat ein einzigartiges Bild vom eigenen Hund. Alle Menschen mit Hundebeziehung aktivieren soziale Mechanismen in Gehirn und Körper, die wir Menschen mit den Hunden teilen (dies wird Thema von Kapitel 4 sein). Diese Mechanismen wurden uns nicht deswegen von der Evolution mitgegeben, um sie *nicht* zu gebrauchen. Ausgeglichenheit und Glück sind nur möglich, wenn wir sie wie vorgesehen (be-)nutzen.

Wären Menschen rein materialistische Wesen, wären sie nur auf die funktionale Zusammenarbeit mit anderen Menschen angewiesen, etwa um Geld zu verdienen und sich zu ernähren, nicht aber auf sich gut anfühlende soziale Beziehungen – auch nicht mit Hunden. Hätten wir uns in biologisch-evolutionärem Sinne an den Materialismus der Neuzeit bereits angepasst, hätten wir wohl weniger Probleme mit der immer schnelleren Taktung des Lebens, mit der offenbar immer nachlässiger werdenden Beziehungspflege, die mit der Digitalisierung derzeit neuen Höhepunkten entgegensteuert. Es ist leider kein Gerücht, dass manche Leute ihre Beziehungen sogar per SMS beenden. Wahrscheinlich, weil Face-to-Face-Beziehungen nicht nur beglückend, sondern auch emotional anstrengend sein können. Hundehaltung wäre für den rein materialistischen Menschen demnach ein Relikt aus einer Zeit, in der wir sentimentalen Beziehungsvorstellungen anhingen … der Konjunktiv zeigt, dass ich zum Diskurs um den „neuen Menschen“ skeptisch bin.

E-Mails und soziale Medien fördern die Quantität und die Frequenz sozialer Beziehungen, beruflich wie privat, und sie vernetzen beide Bereiche immer mehr. Das scheint sich zunehmend damit zu spießen, was wir aufgrund unserer evolutionären Konstruktion der Mechanismen der Beziehungspflege verkraften können. Wohl nicht zufällig stolpern immer mehr Leute über die ständige Beschleunigung, der sie sich so schwer entziehen können. Sie entwickeln Burnout, Angststörungen und Depressionen. Wohl ebenso wenig zufällig steigen Suchtverhalten, Drogen-, vor allem Medikamentenmissbrauch an. So nimmt der Konsum von angstlösenden Medikamenten, insbesondere Benzodiazepinen, ständig zu. Die Gesellschaft scheint buchstäblich vor die Hunde zu gehen. Denn jede Gesellschaft lebt vom moralisch verantwortlichen Handeln ihrer Individuen, und genau das kommt uns gerade abhanden. Dies zeigen auch jüngste Umfragen unter Jugendlichen, von denen viele angesichts des Zustandes dieser Welt ihren Idealismus im Zaum halten und vor allem für sich ein gutes Leben sichern wollen.

In Wahrheit kann ein „Wie geht es dir?“ von Angesicht zu Angesicht, verbunden mit einem offenen Ohr, das auch ein wenig Zeit fürs Zuhören aufbringt, viel wichtiger sein als hundert Facebook-Freundschaften oder tausend Likes. Wobei ich den elektronischen bzw. sozialen Medien hier nicht generell unterstellen will, Totengräber unserer sozialen Beziehungen zu sein. Das Internet verbindet über Medien wie Skype immer mehr über die globalisierte Welt verstreute Familien, erhält Beziehungen also auch aufrecht. Doch selbst häufige Skypes mit Kindern im Ausland machen daraus keine Nahbeziehungen. Im Alltag braucht das soziale Wesen Mensch vor allem den unmittelbaren Kontakt.

Wir wissen, dass mit der Verstädterung die Hundehaltung zunimmt. Vielleicht ist das ein ebenso unbewusster wie verzweifelter Versuch, sich eine menschengerechte Beziehungs- und Kommunikationsumgebung zumindest mit dem Hund zu bewahren. Denn mit Hunden müssen wir sehr direkt und sehr physisch kommunizieren. Mail und soziale Medien helfen uns da nicht weiter.

Nehmen wir uns für den Hund keine Zeit, wird diese Beziehung genauso unweigerlich scheitern wie eine Beziehung zu Menschen, der wir zu wenig Zeit widmen. Etwa wenn Leute rund um den Hund Strukturen aufbauen, nur um sich nicht allzu sehr auf ihn einlassen zu müssen. Sicher kann man Hunde-Nannys oder professionelle Hundespaziergänger engagieren. Doch im Extremfall wird das genauso zu einer oberflächlichen, materiell bestimmten Beziehung führen wie Beziehungen zu Menschen, die vor allem über Dritte oder materielle Zuwendungen laufen. Der Begriff dafür lautet „Wohlstandsverwahrlosung" – er ist auch auf Hunde anwendbar. Zwar kommen Hunde mit solchen Beziehungen zurecht, und dem Menschen im Bunde fällt wahrscheinlich nicht einmal auf, dass er sich damit die Chance nimmt, den Hund emotionale soziale Unterstützung leisten zu lassen. Eine Vergeudung sozialer Ressourcen ist ein Hund als Accessoire oder Schönwetter-Sozialpartner aber allemal.

Hunde und andere Kumpantiere scheinen Menschen mit ihren grundlegenden Bedürfnissen zu verwurzeln, zu verbinden mit dem, was wir wirklich brauchen, ohne dass uns dies bewusst werden muss. Das wird immer offensichtlicher, je mehr sich diese Welt fast nur noch um den Menschen dreht. Dass wir in einem extrem anthropozentrischen Zeitalter leben, ist kaum zu übersehen. Eigentlich eine paradoxe Situation angesichts des globalen Multitraumas. Trotz – oder gerade wegen – Klimaerwärmung und ungeheurem Artensterben aufgrund der Aktivitäten der Menschen verblasst die Beschäftigung mit der Beziehung zwischen Natur und Mensch immer mehr und weicht der menschlichen Nabelschau.

Für die These, dass Menschen nur noch sich selbst im Fokus haben, gibt es zahlreiche Hinweise im Kleinen wie im Großen. Ich möchte ein Beispiel erzählen, das mir zu denken gab. Im Februar 2016 luden einige österreichische Tageszeitungen 66 einflussreiche Persönlichkeiten ein, sich über den Aufbruch aus Trägheit und Stillstand im Lande Gedanken zu machen. Von den Textspenden stammten 74 Prozent von Männern – der Altersschnitt lag etwa bei 60 Jahren –, nur 26 Prozent von Frauen (sie waren im Schnitt 53 Jahre alt) – die getreue Spiegelung einer überalterten, patriarchalen Gesellschaft also. Im Wesentlichen äußerten die meisten dieser Personen, „man sollte", „man könnte", „man müsste", „man bräuchte" … Es wurden viele unterschiedliche Klientel-Interessen angesprochen, aber nur sehr wenige kreative Visionen entwickelt. Schlicht skandalös aber fand ich, dass keine der 66 Personen das wohl drängendste Zukunftsthema ansprach: die gewaltigen Probleme, die wir Menschen schaffen, indem wir auf Kosten der Ökosysteme leben, von denen wir doch so sehr abhängen. Nicht nur Österreich rast gegen die Öko-Wand, mit ungebremstem Landverbrauch und Naturvernichtung, dem Verschwinden von Wiesenvögeln und Insekten, den Gewaltorgien gegen Bär, Luchs und Wolf, um nur einige wenige Problemfelder zu nennen – und kaum jemanden scheint das zu stören.

Dabei sehen wir schon jetzt, wie in einer Welt im Chaos Verteilungskämpfe zwischen den viel zu vielen Menschen ausbrechen. So verließen in Syrien Tausende nach einer durch die Erderwärmung ausgelösten jahrelangen Dürre das Land und zogen in die Städte. Dort kam es bald zu Hungerrevolten gegen das bestehende Regime. Es folgte ein grausamer Bürgerkrieg, vor dem nun Millionen Menschen auf der Flucht sind. Im Zeitalter der Digitalisierung bildet das Handy für die Geflüchteten die oft einzige Verbindung mit der Familie, ist das wichtigste Überlebensmittel, etwa um rasch entscheiden zu können, wohin man gehen muss, um noch Chancen für ein Leben in Sicherheit und Freiheit zu haben. Und so setzte im Sommer und Herbst 2015 eine Flüchtlingsbewegung Richtung Europa ein, die mittlerweile viele Leute auf unserem gemütlichen, alten Kontinent in Panik versetzt und als eine der Ursachen für Brexit und Rechtspopulismus sogar zum Zerfall der Europäischen Union führen könnte. Und leider gibt es heute nicht nur ein Syrien auf unserem Planeten.

Dass ökologische Katastrophen umso gewichtiger ausfallen, je mehr Menschen auf der Welt leben, wird in diesem Zeitalter des immer schamloseren Anthropozentrismus gerne abgestritten. Natürlich, Menschen sind innovativ und technologisch hochbegabt. So führten die Anstrengungen des konstruktiven Teils der Menschheit samt ihrer Regierenden auch zu erstaunlich positiven Entwicklungen. Als ich geboren wurde, beherbergte die Erde knapp zwei Milliarden Menschen und war geplagt von Hunger- und anderen Epidemien. Jetzt nährt die Landwirtschaft leidlich um die sieben Milliarden, und allen Katastrophenmeldungen zum Trotz gehen Kindersterblichkeit und Armut zurück.

Aber man darf diese positiven Entwicklungen nicht isoliert sehen. Den Preis dafür zahlen wir über die anhaltende Vernichtung von Lebensräumen und die Ausrottung anderer Arten. Weltweit sind bereits abertausende für immer verschwunden oder stehen unmittelbar vor der Auslöschung. Besonders anschaulich wird es an den großen Säugetieren wie Elefanten, Tigern, Nashörnern oder Gorillas, deren traurige Restbestände in fraktionierten Reservaten festsitzen, bedroht von Wilderei, Landraub und genetischer Ausdünnung. Doch die Milliarden Menschen machen weiter wie bisher.

Die ökologische Katastrophe stellt sich in Trichterform dar: Viele Einzelereignisse gehen oben rein, unten kommen Artensterben und Erderwärmung heraus. Der Zustand unseres Planeten beweist, dass die bisherigen technokratischen Innovationen „zum Wohle der Menschheit" auf tönernen Füßen stehen. Längst bröckeln Wohlstand und heile Welt, während die Reichen ihr Vermögen ganz offen ins Trockene bringen. Die Kluft zwischen Arm und Reich, insbesondere zwischen den sehr vielen sehr Armen und den ganz wenigen Superreichen, wächst stetig. Die Politik ist immer mehr als Feuerwehr unterwegs. Sie hat alle Hände voll zu tun, die „Flüchtlingsströme" und andere Akutereignisse abzuwehren, und hat daneben kaum noch geistige und materielle Ressourcen übrig, sich um deren Ursachen zu kümmern.

Es ist technisch heute sicherlich möglich, Nahrung für acht, vielleicht sogar für 15 Milliarden Menschen zu produzieren, vor allem, wenn es gelingt, die Gier auf Fleisch zu bremsen. Nachhaltig ist die Lebensmittelproduktion aber schon jetzt nicht mehr. Sie vernichtet Lebensräume, beschleunigt das Artensterben und führt zu immer mehr Landraub durch die Mächtigen. Kleinbauern und -bäuerinnen verlieren ihre Lebensgrundlage und wandern in die Städte ab. Dort leben sie in Slums – oder brechen auf in Richtung „reicher Norden". Ob bewusst oder aus Naivität, wird das von jenen nicht gesehen, die meinen, es gäbe nicht zu viele Menschen auf der Welt, sondern „nur" ein Verteilungsproblem. Menschen müssen natürlich im Zentrum unseres – hoffentlich – humanistischen Weltbildes stehen. Aber soll es deswegen nicht mehr möglich sein darauf hinzuweisen, dass die globale menschliche Nabelschau das Sägen an dem Ast, auf dem wir alle sitzen, wesentlich beschleunigt?

Paradox an den angesprochenen Öko-Katastrophen ist, dass es gleichzeitig noch nie so vielen Leuten auf der Welt so gut ging wie heute, besonders in Europa. So kommen derzeit weniger Menschen durch Terrorismus ums Leben als in den letzten 40 Jahren. Trotzdem fürchten sich die Leute mehr davor als früher. Sie fürchten sich vor „den Fremden", vor Wohlstandsverlust und vielen anderen Dingen. Unsere Konsumgesellschaft bietet offenbar eine immer größere Auswahl individueller Angstauslöser. Der Angst Fakten entgegenzustellen, mag vor allem jene beeindrucken, die ohnehin keine Angst haben, die sich damit als überlegene

„Checker" fühlen können, weil sie im Vergleich zu den anderen vermeintlich verstehen, worum es geht. Doch der Angst mit Fakten begegnen zu wollen, ist systemfremd. Angst ist immer irrational. „Furcht" weniger – man fürchtet sich immer vor etwas Bestimmtem, wogegen etwas getan werden kann. Angst dagegen ist diffus, ein beherrschenderer Zustand als die zielgerichtete Furcht, die ja oft zu durchaus gesunden Vermeidungsreaktionen führt. Jemandem also zu raten, keine Angst zu haben, ist letztlich genauso irrational wie die Angst selbst.

Durchaus rational ist die Frage, woher denn die nahezu epidemisch unter modernen Zivilisations- und Stadtmenschen grassierende Angst kommt. Ich meine jetzt nicht die neuronalen Mechanismen im Gehirn um den Mandelkern als eines der Angstzentren; ich meine die Umweltbedingungen, die Angst auslösen können. Davon gibt es natürlich sehr viele, aber es gibt auch zwei mächtige, übergeordnete Angstauslöser: Einerseits wirkt das Unerklärbare, Unbekannte immer stark angstauslösend, bei Menschen wie auch bei anderen Tieren. Andererseits sind es soziale Faktoren, die Angst verursachen können. Sie können aber auch Angst nehmen.

Es mag zunächst paradox klingen, dass heute flächendeckende Angstepidemien jenseits der objektiven Katastrophen ausgerechnet durch das Unerklärliche ausgelöst werden können. Vor Flüchtlingen fürchtet man sich bekanntlich dort am meisten, wo es kaum welche gibt. Angstbewältigung vor dem Unerklärlichen mag auch ein Hauptmotiv für Herkunfts- und Jenseitsmythen sein; und der Bedeutungsverlust der Religionen in Gesellschaften, in denen die Aufklärung dominiert, mag darauf zurückzuführen sein, dass die Rolle der Welterklärung die Wissenschaft übernommen hat. Aber auch die trägt heute zur Informationskakophonie bei.

Der Großteil der Menschheit ist heute digital miteinander vernetzt, ein nicht unerheblicher Teil lebt davon, Informationen für andere aufzubereiten und zu verbreiten, nicht zuletzt über die sozialen Medien. Die Menschheit war noch nie so gut informiert wie heute. Dass viele trotzdem diffuse Ängste entwickeln, hat damit zu tun, dass es sich kaum um vernetzte Information handelt. Informationen prasseln als Mosaiksteine auf uns ein, die meisten davon negativ gefärbt. So entsteht der Eindruck, in einer verdammt komplizierten Welt zu leben, ausgeliefert dem, was andere tun oder wollen, ohne es selbst wirklich beeinflussen oder auch nur verstehen zu können. Der intensive Informationsfluss führt zu einer immer fraktionierteren Sicht der Welt, verbunden mit dem Gefühl, immer weniger durchzublicken. Autoritäten aus Politik, Wissenschaft und Wirtschaft stehen unter Manipulationsverdacht. Sie scheinen nur noch eigene Interessen zu verfolgen, oft auf Kosten des Gemeinwohls. Darum ist ein Posting für viele heute glaubwürdiger als die ausgefeilte Erklärung von Expertinnen und Experten.

Menschen waren es gewohnt, in kohärenten Weltbildern zu leben. Staaten ruhten auf Idealen, Parteien auf Ideologien und Programmen, Menschen auf Gewissheiten von Richtig und Falsch, von Gut und Böse. Selbst Kriege und Unterwerfungen wurden letztlich durch „Gewissheiten" gerechtfertigt. All das zerbröselt heute in atemberaubender Geschwindigkeit, fraktioniert in die Teilgewissheiten der täglichen Negativmeldungen und der sozialen Netze. All das fördert Angst.

Der zweite große angstauslösende Faktor, besonders vor dem skizzierten gesellschaftlichen Hintergrund, sind ungenügende soziale Beziehungen. Dazu muss man wissen, dass einerseits nichts unsere Stresssysteme mehr anspringen lässt, als unter anderen Leuten zu sein und etwas mit ihnen zu tun. Das ist nicht unbedingt schlecht: Unsere Stressmechanismen erlauben es, ständig auf die Herausforderungen des Lebens zu reagieren, uns daran anpassen zu können; es sind also eigentlich eher „Antistress-Systeme".

Soziale Beziehungen erden in einer Welt aus den Fugen

Dies zeigt, wie unglaublich wichtig soziale Beziehungen sind, sonst hätten wir im Verlauf der Evolution nicht so starke Verbindungen zwischen Psyche und Physiologie entwickelt, die auf nichts stärker reagieren als auf „Beziehungskisten". Deshalb ist es auch so kritisch, wenn in diesen Beziehungen der Wurm drinsteckt: wenn ich die Kollegin am Arbeitsplatz nicht mag, der Chef unberechenbar ist oder die Partnerin fremdgeht. Oder alles zusammen. Es ist kritisch zu glauben, durch die Anzahl von Likes in sozialen Netzwerken die Qualität von Angesicht-zu-Angesicht-Beziehungen ersetzen zu können. Die Falle der digitalen Kommunikation besteht darin, die ungeheure Beschleunigung der Kommunikation nicht als tolle Möglichkeit zu sehen, derer man sich bedienen *kann*, wenn es nötig scheint, sondern zu glauben, sie nutzen zu *müssen* – und dann hilflos hineingezogen und suchtartig mitgerissen zu werden.

Das Teuflische an der beschleunigten, auf Quantität angelegten elektronischen Kommunikation besteht auch darin, dass sie mit den wirklichen Beziehungen der Menschen in Konkurrenz tritt. In einem Urlaubsresort am Pool liegende junge Leute, alle in ihr Smartphone oder Tablet versunken statt in direktem Gespräch mit den anderen, ist ein Bild, das heute eher die Regel ist als die Ausnahme. Ähnliches mag auch für Partnerschaften gelten, die nicht nur beliebiger, sondern auch immer kürzer getaktet zu sein scheinen. Das kann ins Auge gehen, vor allem, weil der wichtigste Mechanismus, allzu viel Stress abzupuffern, darin besteht, mit einem nahestehenden Menschen Zeit zu verbringen: in ruhigen Gesprächen, einander in die Augen blickend, einander berührend, bis hin zum sozial angenehmen Sex. Das alles aktiviert die Beruhigungs- und Belohnungssysteme. Das Peptidhormon Oxytocin, auch als Kuschelhormon bekannt, wird ausgeschüttet und reduziert nachhaltig Stress.

Soziale Nahebeziehungen mit Leuten, „mit denen man sich wohlfühlt“, sind die evolutionär vorgesehene Sicherung gegen Dauerstress und Angst. Ich lehne mich daher sicher nicht allzu weit aus dem Fenster, wenn ich behaupte, dass die ansteigende Angstbereitschaft in unseren Gesellschaften vor allem durch die Kombination zwischen einem immer stressigeren, beschleunigten Berufs- und Gesellschaftsleben und einer immer schlechter funktionierenden Stresspufferung in den sozialen Beziehungen liegen mag.

Und genau da kommt der Hund ins Spiel.

Erdung in einer immer komplexeren Welt

Hundebeziehungen sind „essenzialisiert“, also auf jenes Wesentliche beschränkt, das wir in Beziehungen so dringend brauchen: positive Emotionen und Vertrauen. Hunde beurteilen einen nicht – auch so eine gesellschaftliche Entwicklung, dass ständig alles bewertet werden muss. Die Beziehung zu Hunden kann weder sonderlich beschleunigt noch über digitale Medien gelebt werden. Unwahrscheinlich, dass sich vor allem die vielen jungen Leute in den Städten – die meisten davon übrigens Frauen – dessen bewusst sind, woher ihr tiefer und dringender Wunsch nach einem Hund kommt. Man könnte einen lebenserhaltenden Instinkt darin erkennen, wurzelnd in der menschlichen Liebe zur Natur, der „Biophilie".

Moderne, urbane Menschen mit all ihren angestammten Bedürfnissen sind weit weniger ungebunden oder rational bestimmt, als sie annehmen möchten. So trifft das Bild globalisierter Zeitgenossen und -genossinnen, die eng vernetzt ständig umherreisen und nach dem Motto „ubi bene, ibi patria" leben („Wo es mir gut geht, bin ich zu Hause"), auf die meisten Menschen nicht zu. In soziologischen Kreisen wird gelegentlich von der menschlichen Wandlungsfähigkeit geschwärmt und vom „neuen Menschen" geträumt. In der Biologie gehen wir eher davon aus, dass die Wirklichkeit deutlich konservativer aussieht. Dies bedeutet, dass Menschen die raschen Veränderungen in den modernen Gesellschaften eher erdulden und erleiden denn sie ersehnen und mitgestalten. Am wenigsten scheint das noch die Jungen zu überfordern. Damit gewinnen die Fixpunkte, Ruhepole und individuellen Gewissheiten im Leben an Bedeutung.

Die meisten finden Sicherheit in gewohnter Umgebung, in alten Gewohnheiten und Ritualen der Zugehörigkeit. Genau das verbinden auch die meisten mit dem Begriff „Heimat": Sicherheit, Geborgenheit und Gewissheiten. Der

Mensch ist von seinen bio-psychologischen Grundbedürfnissen her im Grunde ziemlich konservativ und einfach gestrickt. Er braucht Bindung, an andere Menschen, an Orte, an Ideen, an die Natur. Und natürlich an Tiere.

Dieses grundlegende Bindungsbedürfnis wird besonders gut von einem Hund besetzt. Hunde-Beziehungen können eine starke soziale Heimat werden, wie wir gesehen haben, besonders für Personen mit von Kindheit an unsicheren Bindungskomponenten, denen die Nähe zu anderen Menschen rasch zu intensiv werden kann. Die Nähe zu einem Hund ist davon kaum belastet, zumal die Balance zwischen Nähe und Distanz mit einem Hund wesentlich einfacher zu halten ist als mit Menschen.

Der Mensch und sein Gehirn zeigen eine höchst konservative Grundstruktur. So etwa benötigen Kleinkinder weltweit und unabhängig von der Kultur dieselben Bedingungen für ihre optimale Entwicklung: eine sensitive und verlässliche Betreuung durch wenige Bezugspersonen in den ersten Lebensjahren und Kontakt zu Tieren und Natur. Junge Leute wünschen sich weltweit, geschlechterunabhängig und kulturübergreifend eine einzige exklusive Langzeitbeziehung mit einem anderen Menschen; dass diese oft genug im Leben nicht klappt, ist wieder eine andere Geschichte. Auch Treue und Loyalität zählen zu den wichtigen menschlichen Grundbedürfnissen. All das erfüllen Hunde in hohem Ausmaß. Menschen kommen mit einer hohen Bereitschaft zur Welt, ein Bewusstsein für Werte zu entwickeln, und ein Leben nach Werten gilt als wichtige Quelle für die Entwicklung von Selbstwert, auch wenn es heute nicht immer so scheinen mag. Während Männer übrigens gerne und oft mit wenig Tiefgang über Werte und Prinzipien schwadronieren, neigen Frauen eher dazu, Werte zu verinnerlichen und nach ihnen zu leben. Schon faszinierend, wie Menschen bis ins Detail von ihrer sozialen Evolution geprägt sind!

Die Werteorientierung ist gerade bei jungen Leuten nicht immer offensichtlich. Denn einerseits ist es nicht „cool", ständig Werte vor sich herzutragen, andererseits verschütten die Lebensumstände diese Orientierung oder polen sie in manchmal höchst seltsamer Weise um. Street Gangs, also Banden vor allem junger Männer, sind nicht nur in den USA ein Problem. Sie pflegen ihre eigenen Werte, die vor allem von einer hohen Loyalität der eigenen Gruppe gegenüber und oft genug von mörderischer Aggressivität gegen andere Gruppen bestimmt sind. Wo Elternhaus und Gesellschaft als Sinn-, Kultur- und Wertestifter versagen, tritt wieder die Stammesgesellschaft, die soziale Organisation aus der Altsteinzeit zutage. Viele dieser jungen Männer landen nach schweren Verbrechen im Gefängnis, mit hohen Rückfallraten.

In den USA wurde vor geraumer Zeit damit begonnen, in Gefängnissen sinnstiftende Maßnahmen zu setzen. Eine davon war, den Inhaftierten einen Hund zuzuteilen – mit strengen Regeln natürlich –, den sie im Laufe eines Jahres in der Gruppe zum Therapiehund ausbilden sollten. Der Hund brachte Bindung und Verantwortungsbewusstsein in das Leben der Gefangenen, ermöglichte den jungen Recken, ihre an sich vorhandene Werteorientierung auch in Richtung Gesellschaft zu leben. Die Rückfallraten der Teilnehmer dieser Programme waren minimal. Durch die Arbeit mit dem Hund gelang offenbar, woran Gefängnisse und andere rein menschenbasierte Institutionen oft scheitern. Warum? Wahrscheinlich, weil der Hund in diesem Fall den Weg dieser jungen Männer zu ihren tief verschütteten sozialen Grundbedürfnissen gebahnt hat.

Die Frage, warum Menschen mit Tieren leben, kann unterschiedlich beantwortet werden. Ich habe mich eben dafür stark gemacht, dass durch ein Leben mit Hund ganz grundlegende soziale Bedürfnisse nach Verlässlichkeit, Bindung, Zuwendung und Loyalität erfüllt werden können. Andererseits wird „Pet keeping", also die Haltung von Kumpantieren, oft als Lebensstil gesehen. Mag sein. Wenn jemand mit einem Hund aufgewachsen ist, wird er oder sie später mit hoher Wahrscheinlichkeit wieder zum Hund zurückfinden – einfach, „weil es dazugehört". Dies bedeutet aber nicht, dass die Beziehung zum Hund als Ausdruck des Lebensstils keine funktionale Sozialbeziehung wäre. Damit sie funktioniert, müssen wir uns nicht ständig der emotionalen Unterstützungswirkung durch den Hund bewusst sein. Hunde als reine Accessoires, die zu Handtasche, Schuhen oder Auto passen müssen, sind hoffentlich eine verschwindende Minderheit. Aber selbst in solchen Fällen ist es nicht auszuschließen, dass das „Accessoire Hund" zum Sozialpartner wird. Beziehung durch die Hintertür sozusagen.

Es zählt zu den wunderlich konservativen Anlagen von Menschen, dass sie sich am besten in ihrem Garten erholen, dass sie immer noch jagen gehen, dass ältere Leute oft in jene ländlichen Gebiete zurückkehren, aus denen sie vor Jahrzehnten in die Stadt abgewandert sind.

Seit Menschen vor knapp 10 000 Jahren begannen, Städte zu bauen, legten jene, die es sich leisten konnten, auch ästhetische Gärten an. Leben in Kontakt mit der Natur ist also offenbar ein ebenso archaisches wie wichtiges Grundmotiv. Deshalb liegt der Gedanke nahe, Menschen würden Hunde halten, um so in Kontakt mit der Natur zu bleiben. Als Hauptmotiv für ein Leben mit Hund würde ich das bezweifeln – wie ich im nächsten Kapitel zeigen werde, sind Hunde letztlich Hybridwesen, also sozial schon sehr nahe am Menschen dran. Aber immerhin: Wenn es zum Lebensstil eines Mensch-Hund-Paares gehört, regelmäßig weite Spaziergänge in der Natur zu unternehmen, wird der Kontakt zur Natur sehr wohl verstärkt.

Ich denke, Menschen leben aus anderen Gründen mit Hunden als etwa mit Fischen. Beides sind Heimtiere, aber mit völlig unterschiedlichen Funktionen. Im Grunde werden Hunde nicht als „Tiere" gehalten, sondern als verdammt menschenähnliche Sozialgefährten. So muss es nicht unbedingt Begeisterung hervorrufen, wenn jemand nach dem Befinden des „Hundes" fragt. Die Antwort könnte lauten: „Du meinst wohl den Leopold?" Beinahe täglich höre ich von freundlichen Mitmenschen, denen ich mit meiner Hündin über den Weg laufe: „*Der* Hund ist aber schön – welche Rasse?" Meine Antwort lautet gewöhnlich. „Er ist eine Sie, und sie ist eine Eurasierin." Beide Beispiele zeigen, dass es uns Hundeleuten wichtig ist, dass unsere Hunde als Personen betrachtet und behandelt werden, nicht nur als „Tier".

Man will dem Hund gerecht werden. Vor allem in Europa gehört dazu auch eine artgerechte Haltung. Sie ist ein ethisches Muss, zumindest als Absicht und Vorsatz. Damit wird Hunden einerseits zugestanden, zuweilen andere Bedürfnisse als Menschen zu haben, und Herrchen oder Frauchen fühlt sich verpflichtet, diesen auch zu genügen. Andererseits ergibt sich daraus eine gewisse Distanz zum Sozialpartner Hund – ein Bewusstsein, dass es doch zumindest kleine prinzipielle Unterschiede zwischen Hunden und Menschen gibt … Anderswo auf der Welt wird das eher verborgen und der Hund sogar im Vergleich zu mitteleuropäischen Verhältnissen hemmungslos vermenschlicht. In Ostasien etwa liegt es im Trend, kleine Hunde niemals „nackt" auszuführen, sondern immer angezogen nach der neuesten Kinder-, pardon, Hundemode. Und meist muss der Menschenersatz dort auch nicht mehr auf den eigenen Beinen laufen: Das Hündchen wird in einem „Stroller" spazieren gefahren … Wenn das die Wölfe gewusst hätten, die sich vor etwa 35 000 Jahren mit unseren Vorfahren eingelassen haben! Sie haben damit eine hündische Büchse der Pandora geöffnet.

3

—

HUNDE SIND KLUGE GEFÜHLSMENSCHEN: DIE SOZIALE UND GEISTIGE PASSUNG VON HUNDEN UND MENSCHEN

Hunde können kaum mehr vermenschlicht werden, sind sie doch in der Hundwerdung bereits zu unseren Seelenverwandten geworden. Wie Kinder und Eltern, sind auch Hunde und ihre Halter aneinander gebunden. Hunde beobachten ihre Menschen und lernen von ihnen, sie merken, wenn sie ungerecht behandelt werden, und wie Kinder brauchen sie eine klare Führung. Ihre Kooperationsfähigkeit mit Menschen haben sie vom Wolf geerbt. Aber in ihrer Bezogenheit und Aufmerksamkeit sind sie typisch Hund.

Weil Wölfe und Hunde genetisch immer noch sehr eng verwandt sind, könnte man – zumindest als naiver Zoologe – annehmen, dass sich die Einstellungen der Leute zur wilden Stammform und zum Hund wenig unterscheiden.

Was Menschen in Österreich von Wölfen und Hunden halten, wollten wir vom Wolfsforschungszentrum

Ernstbrunn zusammen mit Schülerinnen und Schülern von Oberstufengymnasien im Rahmen eines Sparkling-Science-Projekts erheben. Sparkling Science ist eine Initiative des Österreichischen Ministeriums für Wissenschaft, in der die jungen Leute zusammen mit einer Forschungsinstitution eine wissenschaftliche Fragestellung bearbeiten. Dadurch soll das Interesse für die Wissenschaft geweckt und Verständnis geschaffen werden, wie Wissenschaft funktioniert, um die zukünftige Berufs- und Studienwahl zu erleichtern.

Wir stellten also mit je einem Gymnasium aus Wien und aus der Gemeinde Mistelbach je um die 30 Fragen zu Wolf und Hund zusammen: von Wissensfragen über die Tiere und deren Ökologie über soziale, mitfühlende und fürsorgliche Einstellungen gegenüber Wolf und Hund bis hin zu Spiritualität in Zusammenhang mit Wolf und Hund, also zum Beispiel, ob die Leute in den Wölfen immer noch magische Geister sehen. 2752 Personen aus städtischen und ländlichen Gebieten Österreichs beantworteten unseren Fragebogen, teils im persönlichen Interview, großteils online. Dabei stellte sich heraus, dass die stammesgeschichtlichen Vettern Wolf und Hund völlig unterschiedlich gesehen werden.

Die Ergebnisse waren in mehrfacher Hinsicht überraschend. So standen mehr als 90 Prozent der Befragten der Rückkehr der Wölfe nach Österreich positiv gegenüber, der Rest war eher skeptisch. Noch spannender aber fanden wir die Ergebnisse zu den Einstellungen: Wir fanden mittels statistischer Analyse der Daten aus den Fragebögen jeweils fünf Hauptmotive zu Hund und Wolf.

Bei den Hunden stand das gute Gefühl und die wechselseitige Fürsorge im Vordergrund, beim Wolf war es die Sorge um den Schutz der Wölfe. Am zweitwichtigsten war den Leuten die Rolle der Hunde als aktive Helfer und Partner, bei Wölfen war es der Wunsch, auch spirituell (!) mit ihnen in Beziehung zu treten. Das drittwichtigste Motiv war einerseits der Hund als einfühlsamer Partner, andererseits der Wolf als wichtiger Faktor in der Ökologie, gefolgt vom Motiv, den Bedürfnissen der Hunde gerecht zu werden, für den Wolf die Bewunderung für ihr komplexes Sozialleben. Erst an fünfter Stelle tauchten die möglichen Probleme im Zusammenleben mit Hunden auf. Bei den Wölfen rangierte der Wunsch an fünfter Stelle, dass sie sich hierzulande wieder ansiedeln können.

Unerwartet klar zeigten sich Geschlechterunterschiede: Bei allen Fragen und Motiven um Fürsorge und Zuwendung antworteten die Frauen deutlich engagierter als die Männer. Dies traf auch auf ein mögliches aktives Engagement zum Schutz der Wölfe zu. Bei Frauen fand zudem die Frage, Wölfe mit „magischen Geistern" in Verbindung zu bringen, mehr Zustimmung. Bei beiden Geschlechtern dominierte in der Einstellung zu Wölfen das bewunderte, geheimnisvolle Wildtier, von dem man sich wünscht, dass es bald wieder unter uns lebt.

Angesichts dieser Ergebnisse zur zwar gut versteckten, aber immer noch deutlich vorhandenen spirituellen Einstellung zu Wölfen konnte ich mir ein inneres Lächeln nicht verkneifen. Mehr als 10 000 Jahre sind über die Lande gegangen, seit unsere Vorfahren sesshaft wurden, und etwa 3 000 Jahre, seit begonnen wurde, am Alten Testament zu schreiben. Dennoch fanden wir Einstellungen zu Wölfen, wie sie wahrscheinlich deckungsgleich bei unseren Jäger-und-Sammler-Vorfahren existiert haben. Auch darüber wird in diesem Buch noch zu lesen sein.

Noch faszinierender war für mich, dass bei den Hunden klar die Beziehung im Vordergrund steht: die wechselseitige Zuwendung und Fürsorge bis hin zur Empathie. Der Hund als geschätzter Sozialpartner stand weit an der Spitze der Auswertung, erst danach rangierte der Nutzen. Schlusslicht waren die Nachteile und Ärgernisse eines Lebens mit Hund.

Möglicherweise sollte man als Hundefreund über ein solches Ergebnis nicht überrascht sein, entspricht es doch mehr oder weniger dem eigenen Erleben und der eigenen Einstellung. Fasziniert waren wir bei unserem Umfrageergebnis auch darüber, dass die Einstellungen der Leute weitgehend der sozialen Rolle der Hunde entsprachen und deren geistige und soziale Fähigkeiten im Zusammenleben mit Menschen abbildeten. Tatsächlich zeichnen 20 Jahre wissenschaftliche Forschung an Hunden und an der Mensch-Hund-Beziehung das Bild eines sozialen Hybridwesens. Beinahe könnte man meinen, Hunde wären so etwas wie Menschen auf vier Beinen (oder Menschen-Hunde auf zwei Beinen) – eine Einschätzung, die sich nicht aus einer sentimentalen Vermenschlichung unserer besten Tierkumpane speist, sondern auf Basis wissenschaftlicher Ergebnisse getroffen wird.

In diesem Kapitel werde ich die wichtigsten Ergebnisse zu jenen geistigen und sozialen Fähigkeiten der Hunde zusammenfassen, die sie zu derart unschlagbaren Gefährten machen. Ich werde die wissenschaftlich erhobenen Fähigkeiten der Hunde auch immer wieder mit den Wölfen vergleichen, um herauszuarbeiten, wie sie sich in ihrer Denk- und Beziehungsfähigkeit unterscheiden. Dass natürlich viel mehr über Hunde als zu Wölfen bekannt ist, liegt in der Natur der Sache – wer verfügt schon über geeignete Wölfe, mit denen auch experimentell gearbeitet werden kann? Das macht den direkten Vergleich vielleicht etwas lückenhaft. Dennoch treten die Konturen der Unterschiede zwischen Hund und der Stammform Wolf immer klarer zutage.

Etwas anders formuliert könnte die Frage zu diesem Kapitel lauten, wie sich Hunde an ein Zusammenleben mit uns Menschen angepasst haben und in welcher Weise sie sich von der Stammform Wolf unterscheiden. Diese Anpassung ist letztlich Spiegelbild unseres eigenen Wesens, denn die evolutionäre Gussform für den Hund war der Mensch. Wie Hunde heute sind, bildet ab, wie Menschen in den letzten Jahrtausenden mit ihnen umgegangen sind.

Wie der Wolf auch genetisch zum Hund wurde

Inwieweit unterscheiden sich Hunde tatsächlich von Wölfen? Und wie viel an menschenverträglichem Hund ist bereits im Wolf vorhanden? Diese Fragen mögen überraschen, glaubte man doch seit Jahrzehnten zu wissen, was „den Unterschied" zwischen Wolf und Hund ausmacht. Aber dem ist nicht so. Selbst wissenschaftliche Ergebnisse dazu sind oft mit einem relativ hohen Anteil an Vorurteilen vor allem Wölfen gegenüber belastet. Auch gab es bislang kaum „faire" Vergleiche zwischen Wölfen und Hunden, weil es kaum gleichartig aufgezogene und gehaltene Hunde und Wölfe gab. Das änderte sich nicht zuletzt seit 2009, als das Wolfsforschungszentrum in Ernstbrunn seinen Betrieb aufnahm.

Ich werde in diesem Kapitel also keineswegs bloß bekannte und allgemein akzeptierte Ergebnisse verständlich zusammenfassen. Ich möchte Sie, liebe Leserin, lieber Leser, auch direkt in die Werkstätte mitnehmen, um „Work in progress“ zu erleben: wie sich aus der Zusammenschau vieler Einzelergebnisse langsam tragfähige, allgemein gültige Erklärungen herausschälen, von denen zu erwarten ist, dass sie auch in einem Jahrzehnt noch gültig sein werden. Mit dem Wissensstand von vor fünf Jahren wäre das nicht möglich gewesen.

Natürlich kann diese Zusammenstellung weder vollständig sein, noch erhebt sie den Anspruch der einzig richtigen Sichtweise. Weder habe ich als Wissenschaftler die Weisheit mit dem Löffel gefressen, noch entspringt der Fortschritt in der Wissenschaft der harmonischen Zustimmung. Die kritische Leser- und Leserinnenschaft ist daher ein wichtiger Teil der nun folgenden Wissenschaftswerkstätte und dazu aufgerufen, sich ein eigenes Bild zu machen.

Von den Genen zum Verhalten

Um mehr über Hunde und uns selbst zu erfahren, muss das Verhalten von Hunden und Wölfen beobachtet und experimentell verglichen werden. Dazu braucht es standardisierte Bedingungen – in freier Wildbahn wäre das nicht möglich, denn das Verhalten, nicht aber die Gene verbinden die Individuen unmittelbar mit ihrer sozialen und ökologischen Umwelt. Aber Verhalten in den unterschiedlichsten Funktionsbereichen kann plastisch und variabel sein. Zudem gibt es eine lange Kaskade von Ursache-Wirkungs-Beziehungen zwischen Genen und Verhalten. Das ist keinesfalls trivial, wollen wir doch letztlich die während der Domestikation entstandenen *genetisch* bedingten Unterschiede im Verhalten zwischen Wölfen und Hunden aufzeigen. Genau deswegen ist es für einen fairen Vergleich zwischen Wölfen und Hunden auch so wichtig, die Bedingungen der sozialen und ökologischen Umwelt, also das Aufziehen und die Haltung, möglichst gleichartig zu gestalten.

Trotz der zentralen Bedeutung des Verhaltens muss man natürlich auch um die genetischen Unterschiede zwischen Wölfen und Hunden Bescheid wissen, denn schließlich sind sie die in die Erbsubstanz DNA gegossene Geschichte der Hundwerdung.

Mit dem Begriff „Domestikation" ist vor allem die genetische Anpassung an das Leben mit Menschen gemeint. Auf Basis dieser genetischen Unterschiede reagieren Wölfe und Hunde unterschiedlich auf die sozialen Situationen während des Aufwachsens, sehen anders aus und verhalten sich anders. Es ist ja wirklich kaum zu glauben, dass ein Chihuahua, ein Mini-Toy-Pudel oder eine Bordeauxdogge gleichermaßen Wolfsabkömmlinge sind. Und doch ist es so. Wobei das unterschiedliche Aussehen der Hunderassen zu einer Überschätzung der Verhaltensunterschiede zwischen den Rassen führt: Ein Blick auf die Forschungsergebnisse zeigt parallel zu den Ergebnissen der Genetik zwar bedeutende Verhaltensunterschiede zwischen Wölfen und Hunden, aber viel geringere Unterschiede zwischen den Hunden, etwa zwischen den Rassen.

Die Ursachenkette von den Genen bis zu den wahrnehmbaren Merkmalen ist lang, ganz gleich, ob es um Körpergröße geht oder die Faszination für das Zurückholen eines Bällchens. Dabei sind Gene eigentlich blitzdumm. Drei aufeinanderfolgende Basen der DNA in diesen Genen kodieren für eine bestimmte Aminosäure, die Abfolge dieser Basentriplets kodiert für Proteine. Punkt. Und der Großteil des Erbmaterials in unseren Genen tut nicht einmal das, sondern ist entweder inaktiv oder reguliert in komplexer Weise die Aktivität anderer Gene. Proteine wiederum fügen sich über komplizierte Stoffwechselvorgänge unter Verwendung von Zuckern, Fetten und vielen anderen Substanzen zu Zellen und Geweben zusammen, deren Eigenschaften letztlich direkt oder indirekt von den Genen abhängen, und die umgekehrt auf die Genexpression zurückwirken können.

Als weitere Stufe der Organisation vom Gen zum Verhalten organisieren sich diese Gewebe zu autonomen Individuen. Die innerartlichen Unterschiede zwischen diesen Individuen sind zwar genetisch grundgelegt, ergeben sich aber hauptsächlich aus dem komplexen Zusammenspiel ihrer plastischen Nervensysteme mit einer Vielzahl dort gespeicherter evolutionärer und individueller Erfahrungen und mit vielen Hormonen und anderen Spielern im Konzert der Physiologie. Beispielsweise beeinflusst die Qualität der Fürsorge die Ausbildung von Nerven-, Hormon- und Stresssystemen. Auf Grundlage derselben Gene wird aus einem intensiv und sorgsam betreuten Welpen ein selbstsicherer und ruhiger Hund, bei suboptimaler Frühbetreuung dagegen entwickelt sich derselbe Welpe zu einem eher nervösen und unsicheren Erwachsenen. Solche epigenetischen Gesetzmäßigkeiten gelten für alle (Säuge-)Tiere, auch für den Menschen.

Diese weite Ursachenkaskade vom Gen zum Verhalten kann in jeder ihrer Stufen von der Umwelt beeinflusst werden. So üben manche Hormone großen Einfluss auf die Aktivität der Gene aus, und Verhalten wiederum kann stark auf Hormone rückwirken, wie oben anhand der Beziehung zwischen Frühbetreuung und Verhalten verdeutlicht wurde.

Trotz der enormen Komplexität von Genen zu Verhalten und umgekehrt der Rückwirkung von Verhalten auf die Genaktivität sind klare Beziehungen zwischen Genen und Verhalten feststellbar. Sonst wäre es auch nicht möglich, Kumpan- und Nutztiere auf bestimmte Verhaltensmerkmale hin zu züchten. Zahmheit und Sanftheit zum Beispiel oder die Bereitschaft, aggressiv zu reagieren, sind stark genetisch erblich. Die Selektion auf Zahmheit einerseits und auf Aggressionsbereitschaft andererseits spielt übrigens eine zentrale Rolle in unseren Vorstellungen, wie aus Wölfen Hunde wurden.

Jenseits aller Komplikationen der Beziehung zwischen Verhalten und Genen zeigt ein genauer Vergleich der Genome von Wölfen mit Hunden, wo „der Hase im Pfeffer liegen muss", wo also durch Mutationen und anschließende Selektion die wichtigsten Unterschiede zwischen Wölfen und Hunden liegen.[23]

Hunde und Wölfe unterscheiden sich in vielen Genabschnitten, vor allem aber in jenen, die mit der Funktion des Nervensystems und der Gehirnentwicklung befasst sind. Ein Hundegehirn ist also kein Wolfsgehirn mehr. Das zeigen klar auch die Ergebnisse der Verhaltens- und Kognitionsforschung, die ich gleich besprechen werde.

Auch die Gene, die mit der Verdauung zu tun haben, weisen zwischen Wölfen und Hunden große Unterschiede auf. Als Menschen sesshaft wurden und zunehmend mehr Ackerbau betrieben, stieg der Getreideanteil in ihrer

---

23 Axelsson et al., 2013

Nahrung. Die Menschen der Hirtenkulturen integrierten zunehmend Milchprodukte in ihr Nahrungsspektrum. Die Hunde passten sich parallel zu den Menschen daran an, mit Getreide- oder Milchprodukten zurechtzukommen. Unwahrscheinlich, dass Hunde die jungsteinzeitlichen Abfallhalden nach Pizza- und Käseresten durchsuchten, denn die Menschen damals lebten sicherlich nicht im Überfluss. Vielmehr ist die Anpassung der hündischen Verdauung ein Hinweis darauf, dass bereits vor mehr als 10 000 Jahren Menschen ihre Nahrung mit den Hunden teilten. Das Teilen von Nahrung und das gemeinsame Mahl sind soziale Eigenarten unserer Spezies. Es hält Familie und Gruppe zusammen und festigt Bündnisse – offenbar auch mit den Hunden.

Kinder sind an ihre Eltern gebunden, Hunde an ihre Menschen

Das Teilen von Nahrung mit Hunden unterstreicht, dass sie schon vor langer Zeit zu unseren engsten Arbeits- und Sozialpartnern wurden. Aus dem Wolf als „Bruder", Partner und zuweilen Feind und Konkurrent der altsteinzeitlichen Menschen entwickelte sich ein enges Beziehungsverhältnis, das am ehesten mit einer Eltern-Kind-Beziehung vergleichbar ist.[24] Menschen behandeln ihre Hunde meist ähnlich fürsorglich wie ihre eigenen Kinder – manchmal sogar ein wenig mehr. Etwas zugespitzt ausgedrückt mögen Freunde verstimmt darüber sein, wenn sich jemand kritisch über ihre Kinder äußert – aber wer das über ihre Hunde tut, riskiert

---

24 Prato-Previde und Valsecci, 2014

den Beziehungsabbruch. Gar nicht so verwunderlich, denn in gewisser Weise scheint die Beziehung zu Hunden, was die Intensität der Beziehung angeht, noch mehr bzw. etwas anderes zu bedeuten als die Beziehung zu Kindern.

Tatsächlich bezeichnen viele Menschen ihre Hunde ganz offen als „ihre Kinder“ und benutzen ihnen gegenüber auch Babysprache (allerdings mit verbal weniger differenziertem Inhalt). Bei diesem Babygebrabbel mit Hund steigt die Tonhöhe, wofür Hunde ganz besonders empfänglich sind. Der manchmal ziemlich durchgeknallt klingende, hoch-fiepende Hundetrainings-Babysprech wirkt tatsächlich anziehend und positiv auf Hunde. Denn auch Wölfe oder Hunde untereinander drücken ihr positives Kontaktbedürfnis durch hohes Fiepen aus. Tiefe Töne, etwa Geknurre, wirken gewöhnlich bedrohlich und werden von Hunden eher gemieden. Männer sollten sich daher nicht wundern, wenn ein laut-sonorer Bass bei Welpen oder fremden Hunden gar nicht gut ankommt und eher Vermeidung und Angst denn fröhliche Begeisterung hervorruft. Sinnlos, eifersüchtig zu reagieren, wenn Frauen dieses Problem eher erspart bleibt … einfach die Stimme etwas anheben, gepaart mit einem freundlichen, wenig dominanten Auftreten, und die Sache ist meist geritzt.

Viel mehr als Kinder sind Hunde so etwas wie unser „Extended phenotype“, also eine Art erweitertes Ich. Kinder sind „eigen Fleisch und Blut“, genetisch und kulturell, werden aber gewöhnlich zur Selbstständigkeit erzogen. Im Verlauf vom Kleinkind- zum jungen Erwachsenenalter übernehmen Kinder für sich zunehmend mehr Kompetenz und Eigenverantwortung; vernünftige Eltern unterstützen sie darin. Bei Hunden ist das nur in eingeschränktem Maß der Fall. Die

Selbstständigkeit der Hunde beschränkt sich auf ein sicheres und sozial verträgliches Verhalten bei Spaziergängen ohne Leine oder auf eine gewisse menschendienliche Selbstständigkeit beim Arbeitseinsatz: auf der Jagd, beim Stellen von Gesetzesbrechern oder dem Finden von Lawinenopfern. Der Partner Hund soll im Rahmen des uns Nützlichen und Angenehmen mitdenken und vielleicht andere Menschen mit seiner „Intelligenz" beeindrucken; er soll aber nicht ständig eigene Beschlüsse fassen.

Im Gegensatz zu Kindern bleiben Hunde lebenslang von ihren Menschen abhängig. Hunden gegenüber üben die Menschenpartner jene Führungsrolle für die gesamte Dauer der Partnerschaft aus, die Kinder in abnehmender Intensität nur bis nach der Pubertät brauchen. Kinder, die sich nicht von ihren Eltern abnabeln (oder umgekehrt), werden gewöhnlich scheel angesehen, „reife" Kinder im Haushalt zunehmend als Belastung empfunden; bei Hunden ist das natürlich nicht der Fall. In einer Diskussion hörte ich unlängst: „Kinder erzieht man zur Unabhängigkeit, Hunde dagegen will man in der Abhängigkeit halten." Hunde mögen zwar in den ersten Lebensjahren etwas bockig sein und ihre Grenzen gegenüber Menschen ausloten, aber sie lehnen sich nicht in einer Art auf, wie Kinder es den Eltern gegenüber tun (sollten), um sich abzunabeln. Daher befriedigen sie das Bedürfnis nach harmonischer Partnerschaft und wechselseitiger Fürsorge in einer wesentlich unkomplizierteren und sozial weniger aufwendigen Art als Kinder. Wen wundert es da noch, dass manche Hundemenschen an ihre Vierbeiner überaus stark gebunden sind?

Die Beziehung zu einem Hund ist also eine Art „Partnerschaft light", die dem Menschen die Befriedigung sozialer

Bedürfnisse ermöglicht: des Bedürfnisses, fürsorglich zu sein und einen abhängigen Partner zu betreuen. Fürsorglichkeit ist ein menschliches Grundbedürfnis, bei Frauen tendenziell stärker ausgeprägt. Dabei sind Fürsorglichkeit und Bindung zwei Seiten derselben Medaille, was die bio-psychologische Seite dieser emotionalen sozialen Mechanismen betrifft. So zeigt die Art, wie fürsorglich Menschen ihren eigenen Kindern und Hunden gegenüber sind, ihr eigenes, in der frühen Kindheit erworbenes Bindungsmuster. Die Qualität der empfangenen Fürsorge prägt in hohem Ausmaß die Qualität der eigenen Fürsorglichkeit. Schnoddrig ausgedrückt ein recht gutes Kosten-Nutzen-Verhältnis der Beziehung zum Hund also, das, wie die erwähnte Befragung ergab, kaum als Belastung, sondern als belohnend und beglückend empfunden wird.

Hunde nehmen also eine sehr menschenähnliche Position in unserem Sozialleben ein, ob uns Haltern und Halterinnen das nun bewusst ist oder nicht. Ein österreichischer Oberjäger meinte einst in einem Interview, er streichle seinen Hund nicht, er ginge mit ihm jagen. Eigentlich erschreckend, eine soziale Beziehung derart zu verleugnen bzw. herunterzuspielen. Skepsis ist allerdings angebracht: Gerade die Hunde „harter" Männer schlafen nicht selten in deren Betten. Dazu passt der bekannte Ausspruch, es gebe zwei Arten von Hundehaltern: solche, die zugeben, dass der Hund im Bett schläft, und die anderen ... was natürlich übertrieben ist. Tatsächlich legen manche Hunde gar keinen Wert darauf, im Bett nahe bei ihren Menschen zu schlafen, zum Beispiel meine Hündin Bolita, die allenfalls zur Bettgefährtin wird, wenn draußen ein Gewitter tobt oder auf einer ländlichen Hochzeit Böller abgefeuert werden. Nur wenn sich die tapfere und erfahrene Eurasierhündin fürchtet und emotionale Unterstützung benötigt, ist diese große Nähe gefragt.

Das alles erinnert an die Definition der Bindung des Kleinkindes an die Mutter durch John Bowlby und Mary Ainsworth.[25] Um die Qualität von Bindung zwischen einem Kleinkind und seiner Betreuungsperson festzustellen, schufen Ainsworth und Bowlby einen Test, den bekannten „Ainsworth Strange Situation Test“ (ASST). Sie sahen als Kriterien für eine solche Bindung, dass die Mutter oder eine andere primäre Betreuungsperson für das Kleinkind einen „Hort der Sicherheit“ und eine „sichere Basis“ bedeutet, von der aus es die Welt erforschen und erobern kann. Das Kind fühlt sich gut, sicher und ruhig in der Nähe der Mutter. Eine Trennung ruft Schmerz und Angst hervor und löst beim Kind Verhalten wie Weinen, Protest, Ausstrecken der Arme oder Nachlaufen aus, was zur Wiedervereinigung mit der Mutter führen soll. Dieses „Bindungsverhalten“ wird erst durch eine gewisse Stressbelastung sichtbar.

Erstmals wandte das Team um den Psychologen und Verhaltensbiologen József Topál von der Budapester Eötvös-Universität diesen Test 1998 auch an Hund-Mensch-Paaren an, mit dem Hund in der Rolle des Kindes. Da sich dieser Transfer aus der Humanpsychologie in die Erforschung der Hund-Mensch-Beziehung als wissenschaftlich sehr ergiebig erwiesen hat, möchte ich diesen Test hier kurz skizzieren[26]:

Eine Mutter mit Kleinkind – beziehungsweise ein Mensch mit Hund – sucht ein unbekanntes Zimmer auf,

25 Bowlby, 1969

26 Topál et al., 1998

in dem sich interessantes Spielzeug befindet. Zweimal hintereinander verlässt die Mutter (der Partner des Hundes) das Zimmer und kehrt nach einer gewissen Zeit wieder zurück; es gibt eine Wiedervereinigung. Fallweise kommt eine fremde Person dazu, die versucht, das allein gebliebene Kind (oder den Hund) zu trösten bzw. durch Spielen abzulenken.

Die Testanordnung führt dazu, dass Kind bzw. Hund zunehmend Trennungsstress entwickeln. Aus der Art, wie sie mit der Trennung umgehen, wird das vorherrschende Bindungsverhalten sichtbar. Beobachtet wird vor allem das Verhalten bei der Trennung und bei der Wiedervereinigung: Beginnt das Kind zu weinen, wenn die Mutter den Raum verlässt, oder wendet es sich ruhig dem Spielzeug zu und ignoriert die Mutter, wenn sie zurückkehrt? Begrüßt der Hund Herrchen oder Frauchen bei deren Rückkehr stürmisch und beruhigt sich anschließend rasch wieder, oder beschäftigt er sich weiter mit dem Spielzeug, bleibt liegen, ignoriert seinen Menschenpartner oder weicht gar aus?

Daraus wird abgeleitet, wie die im frühen Beziehungsgeflecht zwischen Mutter und Kleinkind bzw. Mensch und Welpe gebildeten grundgelegten sozialen Einstellungen von Kind oder Hund beschaffen sind. Zuverlässig und einfühlsam in ihrem ersten Lebensjahr betreute Kinder – analog dazu einfühlsam geführte Welpen und Hunde – entwickeln gewöhnlich ein „sicheres Bindungsmuster" mit emotionaler Stabilität und der Fähigkeit, Vertrauen zu anderen zu entwickeln und emotionale Unterstützung von anderen zu empfangen und zu geben. Dies sind beste Voraussetzungen für die Entwicklung einer hohen sozialen

Kompetenz und bester „exekutiver Funktionen“ später im Leben, also für eine optimale Entwicklung von Emotionalität, sozialer Fähigkeiten und Intelligenz. Bei wem? Bei Kind oder Hund? Bei beiden! Denn die Grundprinzipien einer optimalen Entwicklung sind für Hund und Mensch die gleichen, wie ich auch noch in Kapitel 4 schildern werde.

Gibt es dagegen Defizite bezüglich der Verlässlichkeit und Aufmerksamkeit der frühen Betreuung, etwa wenn man Kleinkinder schreien oder Hundewelpen in ihrer Angst alleine lässt, so zeigen sich „unsichere“ oder sogar „desorganisierte“ Bindungsmuster. Solche Kinder (Hunde) verhalten sich bei Trennung von der Bezugsperson entweder auffällig ruhig oder aggressiv oder generell „seltsam“, also nicht der Situation angemessen. Es ist wichtig, dies zu diagnostizieren, weil suboptimale Bindungsmuster im späteren Leben mit eingeschränkter emotionaler und sozialer Kompetenz, einer beeinträchtigten Fähigkeit, vertrauensvolle Beziehungen einzugehen, und mit einer erhöhten Anfälligkeit für psychische und physische Erkrankungen einhergehen können. Wird die Beziehung zwischen Mutter und Kind bzw. Hundehalter oder -halterin und Hund verbessert, können mittels therapeutischer Intervention mögliche negative Folgen verringert werden.

Mit dem oben geschilderten Bindungstest untersuchten wir 60 Menschen und deren Hunde und fanden, dass die Tiere ähnlich Kindern „sicheres“, „unsicheres“ oder sogar „desorganisiertes“ Bindungsverhalten zeigten, passend zur Qualität der Fürsorglichkeit ihrer Menschen. Manche Hunde reagierten kaum auf die Trennung oder Wiedervereinigung mit Herrchen oder Frauchen, was auf ein eher unsicheres

Bindungsmuster hindeutet.[27] Andere Hunde verhielten sich in diesen Situationen seltsam paradox: liefen etwa stereotyp im Kreis, wandten sich nach dessen Rückkehr von ihrem Menschen ab oder erstarrten sekundenlang. Interessanterweise ergab unsere Untersuchung ähnliche Prozentanteile für sicher, unsicher und desorganisiert gebundene Hunde, wie wir sie von Menschen in unseren Breiten kennen: 62 Prozent der Hunde wurden von uns als sicher gebunden klassifiziert, 24 Prozent als vermeidend und 14 Prozent als desorganisiert.[28]

Diese Parallelen in der quantitativen Verteilung der Bindungsmuster von Hunden bzw. Menschen sind am ehesten aus dem Zusammenhang zwischen Betreuungs- und Bindungsmuster erklärbar. Das bedeutet, dass Menschen ihr eigenes Bindungsmuster offenbar in die Art ummünzen, wie sie mit dem Hund umgehen, ähnlich wie es auch in der Beziehung zwischen Mutter und Kind der Fall ist. Man kann also davon ausgehen, dass die Menschenpartner der 62 Prozent als „sicher" diagnostizierten Hunde selbst über ein relativ sicheres Bindungsmuster verfügen und daher einen einfühlsamen und verlässlichen Betreuungsstil praktizieren.

Diese Passung des Betreuungsstils mit dem Bindungsmuster des Hundes fanden wir tatsächlich in einer für den Hund bedrohlichen anderen Testsituation: Während Leute mit sicheren Hunden diese emotional unterstützen, tun das die Menschen unsicherer Hunde kaum.

Trotz all dieser Gemeinsamkeiten binden sich Hunde etwas anders als Menschen. Obwohl es dazu keine systematischen Untersuchungen gibt, scheint eine vernachlässigende

27 Solomon et al., 2016

28 Solomon et al., 2016

Frühbetreuung von Welpen keine derart gravierenden und relativ hartnäckig über das Leben mitgetragenen Unterschiede in den Bindungsstilen zu verursachen, wie dies bei Menschen der Fall ist. Vielmehr scheinen die mentalen Bindungsvorstellungen der Hunde relativ offen und anpassungsfähig zu bleiben, um so auch mit einem Wechsel des Menschenpartners zurechtzukommen. Selbst ein älterer Hund kann sich meist noch gut an Wesen und Stil eines neuen Menschen anpassen. Bei Wölfen sind diese mentalen Repräsentationen der Bindung vermutlich ähnlich „geschlossen" wie bei Menschen. Einmal erwachsen geworden, fällt es ihnen viel schwerer als Hunden, neue Sozialpartner zu akzeptieren – egal, ob Wolf oder Mensch.

So gesehen ist der viel kritisierte Umstand, dass in den Bindungstests etwa 15 Monate alte Kinder mit erwachsenen Hunden verglichen werden, letztlich doch angemessen, weil Hunde die Anpassungsfähigkeit in der Bindung, welche Kleinkinder zeigen, offenbar lebenslang behalten.

Im Gegensatz zu Menschen, bei denen es oft lange dauert, bis eine wirkliche Bindung zu einem Partner entsteht, kann das bei einem Hund recht schnell geschehen. So reichte eine kurze Begegnung mit einer unbekannten Person im Tierheim aus, dass die Hunde später diese Personen gegenüber anderen bevorzugten.[29] Daraus kann man ermessen, dass der traumatisierende Faktor für einen Hund im Tierheim weniger die Gitter oder engen Betonzellen sind als das Fehlen einer Bindungsbeziehung.

---

29 Gácsi et al., 2001

Unsere Ergebnisse bestätigen im Wesentlichen, was andere Forschungsgruppen bereits über den Zusammenhang zwischen dem Umgangsstil des Menschen und dem Verhalten des Hundes herausgefunden haben. So bringen vermeidend gebundene Personen ihren Hunden offenbar nicht immer genügend Aufmerksamkeit und emotionale Unterstützung entgegen, was zu unsicher gebundenen, „neurotizistischen" Hunden, also solchen mit geringer Emotionskontrolle, führen kann, die zu Trennungsängsten und in Abwesenheit ihres Menschen zum Zerstören der Wohnungseinrichtung neigen.[30]

Wie ruhig oder ständig aktionsbereit ein Hund lebt, hängt ebenfalls stark von der Persönlichkeit des Menschen ab. So fanden wir bei Hunden eher „neurotizistischer" Personen geringe Mengen des Stresshormons Kortisol im morgendlichen Speichel, wie meine Doktorandin Iris Schöberl harausfand, die nicht nur als Wissenschaftlerin glänzt, sondern auch Leute kundig berät, die Probleme mit ihren Hunden haben.[31] Dies kann als Hinweis auf eine geringere Stressbelastung des Hundes solcher Menschen dienen, die selbst eine etwas geringere emotionale Balance aufweisen. Wir vermuten, dass für solche Personen Hunde als emotionale Unterstützer wichtig sind und sie ihnen daher intensive Zuwendung entgegenbringen, was die Hunde offenbar gut finden. Hunde extravertierter Halter dagegen hatten höhere Kortisolwerte, was wahrscheinlich auf die etwas höhere Frequenz spontaner Einfälle und daher auf eine für

30 Konok et al., 2015

31 Schöberl et al., 2016

den Hund geringere Vorhersagbarkeit des Verhaltens ihres Menschen zurückzuführen sein mag. Ganz generell wurden in verschiedenen Studien nicht nur bei uns in der Forschungsgruppe für Mensch-Tier-Beziehung an der Universität Wien gute Passungen zwischen der Persönlichkeit des Menschen und dem Verhalten bzw. der Stressbewältigung des Hundes gefunden.[32]

Ähnliches gilt für das Spiel: Ist der Mensch eher kontrollierend, geraten Hunde im Spiel unter Stress, ablesbar an erhöhten Kortisolwerten, ist er partnerschaftlich entspannt und locker, entspannt sich auch der spielende Hund.[33]

Die Spiegelung des Wesens des Menschenpartners im Hundeverhalten kann sich auch im Negativen deutlich zeigen. Wo ein Hund als Waffe oder aggressives Statement nach außen gehalten wird – häufig von jüngeren Männern aus unteren sozialen Schichten –, gibt es oft ausgesprochen „böse" Hunde. Hunde also, die entweder durch Zucht oder durch Erziehung „scharf" gemacht wurden. Sie sind aggressiv gegen Menschen und andere Hunde und zeigen wenig Skrupel, zuzubeißen. Solche Hunde sind zuverlässige Marker für die antisoziale Einstellung ihrer Halter.[34]

Natürlich hängt das Verhalten von Hunden nach außen nicht ausschließlich vom Wesen des Menschen ab. Auch Hunde bringen individuelle Persönlichkeits- und Wesensmerkmale mit, die in der Partnerschaft fortbestehen. Dazu zählt etwa das Temperament und ob ein Hund Herausforderungen eher forsch oder zurückhaltend begegnet.[35] In

32 Kotrschal et al., 2009; Kis et al., 2012; Turcsán et al., 2012

33 Horváth et al., 2008

34 Ragatz et al., 2009

35 Toth et al., 2008

einer Untersuchung an Polizeihunden durch Kollegen aus Ungarn etwa reagierten die Tiere in Gegenwart ihrer Führungspersonen auf eine bedrohliche Annäherung entweder aggressiv, ängstlich oder ambivalent.[36] Dies entspricht dem Ergebnis, dass die Persönlichkeitsmuster individueller Hunde im Wesentlichen entlang eines Kontinuums von „forsch" nach „scheu" variieren[37] – wie die Persönlichkeit bei Menschen und allen anderen bislang untersuchten Tieren einschließlich Spinnen und Insekten. Sehr wahrscheinlich können solche grundlegenden Persönlichkeits- bzw. Temperamentseigenschaften nur wenig davon beeinflusst werden, wie der Mensch mit dem Hund umgeht. Von Haus aus eher scheu-zurückhaltend-unsichere Hunde können allerdings durch einen sicheren Führungsstil viel an Selbstbewusstsein gewinnen, und sehr selbstbewusste Hunde werden durch eine sichere Führung souverän, sind also nicht darauf angewiesen, anderen gegenüber jene aggressiven Neigungen hervorzukehren, die mit einer forschen Ausprägung ihrer Persönlichkeit einhergehen.

Hunde sind emotionale Bindungspartner

Bindung und Liebe zwischen Eltern und Kindern oder in Paarbeziehungen werden häufig für typisch menschliche Eigenschaften gehalten. Sind sie aber nicht. Wir können uns auch an Hunde in nahezu gleicher Weise binden, wie es zwischen Menschen geschieht – und sie sich an uns.[38] Wobei

36 Horváth et al., 2007

37 Svartberg und Forkman, 2002

38 Topál et al., 1989

die extrem menschenähnlichen Aspekte der Beziehung zu Hunden sicher auch vielen Menschen nicht bewusst sind. Manche wollen es vielleicht gar nicht so genau wissen, halten ihre Hunde immer noch künstlich auf Distanz, zum Beispiel im Zwinger. Welche Verschwendung von hundlich-sozialer Begabung, welcher Verlust an Chancen für die eigene Entwicklung, nur weil man sich auf den Hund nicht einlassen will!

Bindung wird durch das sogenannte „soziale Netzwerk im Gehirn“ vermittelt, ein mehr als 500 Millionen Jahre altes System, das wir in nahezu unveränderter Form mit den Fischen teilen. Es ist das Substrat der instinktiven Anteile der Partnerbindung bei allen Tieren mit einer langzeitlichen Beziehung der Mütter zu ihren Nachkommen bzw. den monogamen Tierarten, bei denen ein längerer Zusammenhalt erforderlich ist, um gemeinsam den Nachwuchs aufzuziehen. Das spontane „Verlieben“ der Mutter in ihr Neugeborenes oder von zwei Menschen ineinander ist ein durch Oxytocin ermöglichter Teil davon. So entsteht auch die spontane Bindung eines Menschen an „seinen“ Welpen, der ihn dann als Kumpan ein Hundeleben lang begleiten soll. Doch damit ist die Liste der „typisch menschlichen“ Elemente des Zusammenseins mit Hunden noch lange nicht erschöpft.

In die Augen schauen: Kleine Ursache, große Wirkung

Liebende können Stunden damit verbringen, einander in die Augen zu schauen, es wird von ihnen als beglückend empfunden. Wir wissen, dass dieser subjektive Zustand der „Schmetterlinge im Bauch“ auf viel Instinkt und wenig Verstand beruht, auf einer Ausschüttung von Oxytocin, der damit verbundenen Hemmung der Stress- und dem Anwerfen der Belohnungssysteme sowie auf einer Hemmung des kritischen Denkens.

Genau das passiert offenbar auch, wenn zusammengehörige Menschen und Hunde einander tief in die Augen blicken, und verstärkt, wenn die Hand den Hund streichelt. Und zwar nicht nur auf Seite der Menschen, sondern auch bei den Hunden. Die Gruppe um Kerstin Uvnes Moberg von der Universität Lund in Schweden konnte im Blutplasma von ineinander versunkenen Mensch-Hunde-Paaren erhöhte Werte des Glücks- und Bindungshormons Oxytocin und verringerte Kortisolwerte messen.[39] Dieses Ergebnis wurde durch eine japanische Studie bestätigt, wobei die traute Zweisamkeit hier nicht durch Blutabnahme gestört wurde, sondern die Hormone aus dem Speichel bestimmt wurden.[40] Die gleiche Forschungsgruppe unternahm noch einen weiteren, höchst spannenden Vergleichsversuch mit Wölfen und deren Handaufziehern. In den Mensch-Wolf-Paaren klappte das In-die-Augen-Schauen von Wolf Richtung Mensch nicht, und es tat sich in der Folge auch nichts bei den Hormonen. Es gibt an der Durchführung des Versuchs zwar einiges zu kritisieren, wir wissen aber andererseits heute, dass es Hunden viel leichter fällt als menschensozialisierten Wölfen, den Augenkontakt zu suchen und zu halten. Besonders junge Wölfe scheinen den menschlichen Blick eher zu meiden, wohl auch, weil unter Wölfen sehr höflich

---

39 Handlin et al., 2011

40 Nagasawa et al., 2015

und rücksichtsvoll miteinander umgegangen wird.[41] Ein zu häufiger direkter Blick vor allem jüngerer Tiere in Richtung höherrangiger älterer könnte von diesen als Anstarren interpretiert werden, mit entsprechend ungnädigen Folgen.

Dennoch zeigten sich menschensozialisierte Wölfe im Alter von weniger als neun Monaten Hunden darin überlegen, dem Blick eines bekannten Menschen um ein Hindernis herum zu folgen. Das könnte daran liegen, dass die Kommunikation unter Wölfen sehr stark auf Blicken und Blickrichtungen beruht, verstärkt durch eine lange Schnauze, die ähnlich wie unser Zeigefinger klar in eine bestimmte Richtung zeigen kann. Wölfe blicken einander beim Kommunizieren ständig kurz an, aber außer im Fall einer Drohung einander nicht lange in die Augen. Dagegen waren junge Hunde viel besser darin als Wölfe, Zeigegesten zu deuten, um ein Stück Futter zu finden; vielleicht, weil es ihnen im Gegensatz zu Wölfen nichts ausmacht, Menschen direkt und lange ins Gesicht zu sehen.[42]

Dennoch ist diese Fähigkeit, menschlichen Zeigegesten zu folgen, erstaunlich, ist doch der Mensch die einzige Tierart, bei der schon Kleinkinder ihre Hände und Finger benutzen, um mit anderen zu kommunizieren oder auf etwas hinzuweisen. Nicht einmal die uns genetisch so nahe stehenden Schimpansen kommunizieren durch Zeigen – und Hunde schon gar nicht. Warum also verstehen schon junge Hunde diese typisch menschliche Art des Kommunizierens so gut?

Manche Fachleute dachten, es handle sich um eine soziale Anpassung der Hunde an ein Zusammenleben mit uns: Hunde kämen bereits mit der Fähigkeit zur Welt, Zeigegesten

41 Gácsi et al., 2009

42 Range und Virányi, 2011

deuten zu können, oder würden dies zumindest sehr rasch lernen. Untersuchungen bei uns am Wolfsforschungszentrum bestätigen das nicht. Meine Kolleginnen Friederike Range und Zsofia Virányi vom Messerli-Institut der Universität für Veterinärmedizin in Wien fanden heraus, dass Wölfe, die älter sind als neun Monate, die Fähigkeit ebenso ausgeprägt entwickeln können, wenn sie gleich aufgezogen und gehalten werden wie Hunde.[43] Das Lesen menschlicher Zeigegesten scheint also keine spezifische Anpassung der Hunde zu sein, sondern vielmehr eine Generalisierung der vom Wolf stammenden Art zu kommunizieren, nämlich Blick- und Schnauzenrichtung des Artgenossen als Hinweis auf Interessantes in einiger Entfernung zu deuten.[44] Auf dem Weg vom Wolf zum Hund erfolgte die Auslese also offenbar nicht direkt auf das Lesen menschlicher Zeigegesten, sondern lediglich auf ein wenig mehr und frühere soziale Aufmerksamkeit.

Diese erhöhte soziale Aufmerksamkeit der Hunde im Vergleich zu Wölfen kann als kleine Ursache mit großen Wirkungen interpretiert werden, die etwa zur größeren Kooperationsfähigkeit von Hunden mit Menschen im Vergleich zu ihrer Stammform Wolf führt. Dies wird eindrucksvoll durch Versuche untermauert, in denen Hunde und Wölfe mit einer unlösbaren Aufgabe konfrontiert wurden, etwa an unerreichbares Futter heranzukommen. Während Wölfe zunächst lange versuchten, das Problem eigenständig zu lösen, blickten Hunde schon bald hilfesuchend auf ihre Menschen.[45]

Hunde sind offenbar auch empfänglicher als die Stammform Wolf, sich von unseren Aufforderungen motivieren

43 Range und Virányi, 2011

44 Gácsi et al., 2009; Virányi et al., 2008

45 Miklósi et al., 2003

zu lassen. Sie folgen beispielsweise besser den Blicken von Menschen, wenn diese sie nachdrücklich unterstützen: „Da, da, schau mal, was es da Interessantes gibt! …"[46] Auch ein wenig per Nasenspray verabreichtes Oxytocin machte Hunde besser, Zeigegesten zu folgen, vor allem, weil sie unter dem Einfluss des Bindungshormons stabilen Augenkontakt mit Menschen hielten.[47] Einander freundlich in die Augen zu schauen erhöht also nicht nur wechselseitig den Oxytocinspiegel bei Mensch und Hund, umgekehrt bewirkt Oxytocin auch eine verstärkte Bereitschaft und Toleranz, Blickkontakt zu halten. Hunde scheinen geringfügig besser darin zu sein als Wölfe, sich in diesem Feedback-Loop häuslich einzurichten. Das Nasenspray-Experiment untermauert, dass das Lesen menschlicher Zeigegesten durch Hunde und durch menschensozialisierte Wölfe in einem sozialen Zusammenhang steht. Es kann also nicht einfach als ein Unterschied in den geistigen Leistungen oder als lediglich „technische" Fähigkeit interpretiert werden.

Wenn uns ein Hund ins Gesicht blickt, ist natürlich nicht einfach zu entscheiden, worauf er fokussiert. Theoretisch könnten ihn statt der Augen auch Kinn, Mund und Nase interessieren. Dies kann neuerdings jedoch durch sogenannte „Eye tracker" exakt bestimmt werden, Geräte, die es erlauben, die Blickrichtung sehr genau zu verfolgen. Und die zeigten, dass Hunde vor allem den Augenkontakt suchen.

Wenig überraschend konnten die untersuchten Tiere auch unsere Gestimmtheit und emotionale Verfasstheit ablesen.[48] Mit einem freundlichen Gesicht hielten sie

46 Teglas et al., 2012

47 Olivia et al., 2015

48 Müller et al., 2015; Albuquerque et al., 2016; Somppi et al., 2016

Blickkontakt, während ein wütendes Gesicht sie eher dazu brachte, den Blick abzuwenden. Mit einem bedrohlich auf einen Hund an der Leine zugehenden Menschen halten Hunde meist Blickkontakt und reagieren zuweilen aggressiv. Wölfe wandten in solchen Situationen den Blick ab und reagierten niemals aggressiv.[49]

Emotionen anderer lesen zu können, gilt als wichtigste Komponente, um mitfühlend, also empathisch reagieren zu können. Menschen schaffen das ihren Hunden gegenüber, wenn sie wollen. Unklar ist, ob die Fähigkeit unserer Hunde, die Gestimmtheiten ihrer Menschen zu lesen, auch bedeutet, dass sie mit uns mitfühlen können. Immerhin wurde bereits gezeigt, dass Menschen Hunde – wahrscheinlich unter Vermittlung der sogenannten Spiegelneurone, über die ich in Kapitel 4 noch mehr erzählen werde – emotional anstecken können.[50]

Hunde lesen von unseren Gesichtern nicht nur die momentane Gemütslage ab, sondern beobachten uns ständig und passen ihr Verhalten entsprechend an. So etwa können sie die Beziehungen ihrer Menschenpartner zu anderen Leuten beurteilen. In einem Versuch einer japanischen Forschungsgruppe sahen Hunde zunächst zu, wie ein im Raum anwesender Fremder ihrem Menschen entweder dabei half oder nicht half, einen Gegenstand zu erreichen. Anschließend boten die Fremden den Hunden ein Stück Futter an. Die Hunde zogen es klar vor, das Futter von denen anzunehmen, die geholfen hatten.[51] In einem anderen Versuch ging eine fremde Person relativ neutral auf einen angeleinten Hund

49 Gácsi et al., 2013

50 Palagi et al., 2015

51 Chijiiwa et al., 2015

zu. Je nachdem, ob der Menschenpartner ihr reserviert oder freundlich begegnete, reagierte auch der Hund.[52]

Hunde sind auch gut darin, die Zielgerichtetheit und das Ziel einer menschlichen Handlung zu erkennen.[53] Darin wurden die Hunde nicht direkt mit Wölfen verglichen, dennoch lassen die Ergebnisse darauf schließen, dass Hunde wesentlich motivierter zur Welt kommen, sich für Menschen zu interessieren, mit ihnen aktiv zu werden und auch die Menschen aktiv zum Mitmachen aufzufordern als Wölfe. Hunde können tatsächlich eine sehr aktive Rolle im Miteinander spielen. So zeigten Beobachtungen an blinden Menschen und ihren Führhunden, dass sie sich dynamisch in der Führungsrolle abwechseln, wenn es gilt, gemeinsam sicher durch das Getümmel einer Stadt zu kommen.[54] Natürlich entscheidet der Mensch über das Ziel des Ausflugs. Aber wie in der Begegnung mit konkreten Hindernissen zu verfahren ist, entscheidet meist der Hund.

Dass Wölfe Menschen gegenüber ähnlich aufmerksam sein können wie gleichartig aufgezogene und gehaltene Hunde, ergab 2013 ein weiterer am Wolfsforschungszentrum in Ernstbrunn durchgeführter Versuch: Je ein Hund oder Wolf durfte dabei zusehen, wie entweder ein Mensch oder ein gut trainierter Hund Futter an einer von vielen möglichen Positionen versteckte. Beobachtet wurde, wie aufmerksam Wolf oder Hund den Versteckenden zusahen und wie erfolgreich sie das Futter fanden. Generell waren in diesem Versuch die Hunde ein wenig, aber nicht dramatisch erfolgreicher als die Wölfe. Wirklich spannend aber war, wem

---

52 Duranton et al., 2016

53 Marshall-Pescini et al., 2014

54 Naderi et al., 2001

besonders viel Aufmerksamkeit entgegengebracht wurde: Hunde schenkten zwar sowohl dem Futter versteckenden Hund als auch dem Menschen etwas mehr Aufmerksamkeit als Wölfe. Allerdings fesselte der versteckende Mensch die Aufmerksamkeit sowohl der Hunde als auch der Wölfe ungleich stärker als der versteckende Hund.[55]

Aufmerksam sein und durch Zuschauen lernen: Sind Hunde dümmer als Wölfe?

Dieses Ergebnis hätte ich früher wohl so interpretiert, dass Hunde als Wolfsabkömmlinge in der Domestikation vor allem eine höhere soziale Aufmerksamkeit Menschen gegenüber entwickelt haben, weil für sie im Gegensatz zu Wölfen Artgenossen weniger wichtig sind als die Menschenkumpane. So kann das aber nun nicht mehr dargestellt werden. Zwar waren die Hunde in dem Versuch insgesamt etwas erfolgreicher und aufmerksamer als die Wölfe. Dass aber die Wölfe Menschen genauer zusahen als ihren „Abkömmlingen", den Hunden, entlarvt die These als zu einfach. Da Aufmerksamkeit gegenüber einem Partner als Maß für dessen Bedeutung gelten kann, verdeutlicht das Ergebnis, dass sowohl Hunde als auch menschensozialisierte Wölfe ihre Menschenpartner für ungleich bedeutender halten als Hunde. Soziale Bedeutung schlägt also klar die Artzugehörigkeit.

Ähnliches fanden wir auch bei einer Untersuchung der Herzschlagraten ruhender Graugänse an der Konrad Lorenz Forschungsstelle in Grünau. Dabei beobachteten in ihrem

55 Range und Virányi, 2013

Verhalten unbeteiligte, ruhende Gänse die Auseinandersetzungen nieder- oder höherrangiger Schargenossinnen in einiger Entfernung. Nur die Streitereien der Höherrangigen erhöhte die Herzschlagrate, und zwar in beachtlichem Ausmaß.[56] Das gilt offenbar auch für unsere menschensozialisierten Wölfe, die viel interessierter daran sind, was ihnen bekannte Menschen tun, als die ihnen ebenfalls bekannten Hunde. Menschen sind wichtige Partner im täglichen Leben dieser Wölfe, die Hunde nicht. Dies zeigt, dass selbst die prinzipielle Fähigkeit der Hunde, Menschen gegenüber Zuwendung und soziales Interesse zu zeigen, keine grundlegende in der Domestikation entstandene Errungenschaft ist. Vielmehr verfügen ganz offensichtlich bereits Wölfe über eine hohe Fähigkeit und Bereitschaft, Menschen als wichtige Partner in ihr soziales Denken und Handeln einzubeziehen.

Räumliche Nähe, Aufmerksamkeit und ein gewisses Maß an Toleranz gelten als Voraussetzungen, um miteinander zu kooperieren und voneinander zu lernen. Darauf zielte der geschilderte Test auf Aufmerksamkeit ab. Wir unternahmen nun eine weitere Untersuchung: Ob und was können Hunde und Wölfe durch Zusehen lernen?[57]

Meine Kolleginnen ließen Hunde oder Wölfe einem von zwei trainierten Hunden dabei zusehen, wie er durch Drücken eines Hebels eine Kiste mit verlockendem Futter öffnete. Einer der trainierten Hunde betätigte den Hebel mit der Schnauze, der andere mit der Pfote. Nach mehrmaligem Zusehen durften sich die Zuseher selbst an der Kiste versuchen.

---

56 Wascher et al., 2008

57 Range und Virányi, 2014

Da wir angenommen hatten, Hunde wären domestikationsbedingt im Lernen durch Zusehen besser als Wölfe, war das Ergebnis ernüchternd: Alle zwölf Wölfe waren auf Anhieb erfolgreich, und die Hälfte bewegte gleich den Hebel, ohne es erst anderswo an der Kiste zu versuchen. Sie durchschauten also ganz offensichtlich den Zusammenhang und verstanden den Sinn des Hebeldrückens. Hingegen schafften nur vier von 15 Hunden, die Kiste zu öffnen, und nur zwei versuchten es gleich mit dem Hebel. Die anderen probierten erfolglos andere Methoden. Im Gegensatz zu den Wölfen scheinen die Hunde lediglich bemerkt zu haben, dass irgendetwas zu tun ist, damit sich die Kiste öffnet, der Zusammenhang und Sinn des Hebeldrückens blieb ihnen aber offensichtlich verborgen.

Die Wölfe blieben auch in weiteren Versuchen mit der Kiste erfolgreich. Sie hatten durch Zusehen gelernt, wie es geht, und dieses Wissen durch eigene Erfahrung bestätigt. Im Gegensatz dazu schafften es selbst die vier zunächst erfolgreichen Hunde nicht, die Kiste auch nur ein zweites Mal zu öffnen. Dies lässt darauf schließen, dass ihr Ersterfolg Zufall war und dass sie nichts Zielführendes dabei gelernt hatten. Versuch und Irrtum ohne Lernen sozusagen.

Neun der zwölf Wölfe öffneten die Kiste übrigens auf jene Weise, die ihnen der Modellhund gezeigt hatte (Schnauze oder Pfote), die Mehrzahl imitierte also ganz genau die Art des Öffnens, während drei ihre eigenen Methoden anwandten. Im Gegensatz dazu versuchten nur vier der 15 Hunde die Kiste auf jene Art zu öffnen, die das Modell vorgezeigt hatte.

Hunde sind also nicht nur nicht besser geworden als Wölfe, durch Zusehen zu lernen, sondern ganz im Gegenteil sogar schlechter. Aus evolutionärer, nicht ideologisch gefärbter Sicht auf die Hunde war das aber eigentlich zu erwarten: Das Überleben von Wölfen in ihren Rudeln hängt davon ab, dass sie sehr gut voneinander lernen und aufeinander abgestimmt kooperieren. Bei Hunden dagegen wurde es eher wichtig, abgestimmt auf Menschen zu agieren, während eine differenzierte Kooperation mit Artgenossen an Bedeutung verlor. Dies bestätigen Beobachtungen an verwilderten Haushunden, die nicht mehr so partnertreu sind wie Wölfe und beim Jagen und Aufziehen des Nachwuchses viel weniger kooperieren.[58]

Trotzdem verwundert, dass der Test für die Hunde derart schlecht ausfiel. Sind sie im Vergleich zu Wölfen wirklich viel „dümmer" geworden? Das ist eher nicht anzunehmen. Viel wahrscheinlicher ist, dass die standardisierten Bedingungen in solchen Versuchen eher den relativ unabhängigen Wölfen entgegenkommen, Hunde jedoch benachteiligen, die im Prozess der Domestikation darauf ausgelesen wurden, gute Leistungen in Kommunikation mit Menschen zu erbringen.[59] In den beschriebenen Versuchen bemühten sich die anwesenden Menschen, möglichst „standardisiert" zu agieren, also keine unbeabsichtigten Signale an die Tiere zu senden. Möglich, dass das die Wölfe wenig beeindruckt bzw. dass sie nicht darauf angewiesen sind, während die Experimentatorinnen als menschliche Salzsäulen den Hunden wie Zombies erschienen sein mussten.

Tatsächlich fällt die Leistung von Hunden in Tests und bei der Arbeit erheblich besser aus, wenn die Menschen

58 Bonnani et al., 2010; Cafazzo et al., 2010

59 Teglas et al., 2012

angemessen mit ihnen kommunizieren, selbst auf subtile Weise.[60] Zeigen Menschen dem Hund gegenüber klar Aufmerksamkeit durch Anblicken und Augenkontakt, bemüht sich der Hund wesentlich mehr darum, Kommandos zu befolgen, als wenn das Kommando von einem Menschen gegeben wird, der dem Hund den Rücken zuwendet. Die Leistung von Hunden verbessert sich durch die bloße Anwesenheit ihrer Halter und Halterinnen[61], und wie gut sie darin sind, Probleme zu lösen, hängt ganz stark mit der Beziehung zu ihren Menschenpartnern zusammen.[62]

Doch Beziehung ist nicht alles. So konnte Suzanna Naderi aus der Arbeitsgruppe von Adam Miklósi an der Budapester Eötvös-Universität zeigen, dass die Arbeitsleistung von Hunden kaum mit der Bindung zu ihren Menschen zusammenhängt.[63] Dies bedeutet aber nicht, dass sie auch im Falle von Arbeitseinsätzen nicht sehr auf die soziale und praktische Unterstützung durch Menschen angewiesen wären. Dazu passt, dass im Gegensatz zum oben geschilderten Kistenexperiment Hunde gewöhnlich hervorragend abschneiden, wenn sie direkt von ihren Menschen durch Zusehen lernen, wenn also ein direkter sozialer Bezug zwischen Vorzeigen und Nachahmen besteht.[64]

So können Hunde darauf trainiert werden, nachzuahmen, was ihre Menschen tun („do as I do"), etwa sich im Kreise drehen, über ein Stöckchen springen oder einen Ball aus einem Kübel holen. Training ist hier nur dazu erforderlich,

---

60 Cunningham und Ramos, 2013

61 Horn et al., 2013

62 Topál et al., 1997

63 Naderi et al., 2001

64 Kubinyi et al., 2003

dem Hund zu ermöglichen, das Prinzip zu verstehen, es wird nicht die Bewegungsweise selbst trainiert. Hat der Hund das Wesen der Aufgabe einmal begriffen, was ziemlich lange dauern kann, kann Frauchen über ein Hindernis springen, und der Hund wird auf Kommando das Gleiche tun. Das klappt sogar mit erheblicher Zeitverzögerung zwischen Demonstration und Nachahmung, woraus geschlossen werden kann, dass Hunde nicht einfach reflexartig nachahmen, sondern wie Menschen auf Basis einer mentalen Repräsentation in seinem Gehirn. Mit anderen Worten: Der Hund weiß, worum es geht.

Genau wie Kinder imitieren Hunde allerdings keine sinnlosen Handlungen.[65] Springt etwa der Mensch über ein nicht vorhandenes Hindernis, imitiert der Hund diese Handlung entweder nicht, oder er springt über ein tatsächliches Hindernis in der Nähe. Wenn sie einmal begriffen haben, dass Nachahmen gefordert ist, geht es ihnen in der Folge um funktionelles Handeln.

Für Wölfe gibt es keine vergleichbaren Versuche, und ihr geringeres soziales Interesse an Menschen lässt mich zweifeln, ob sie erfolgreich wären. Allerdings könnte sein, dass ich unsere Wolfspartner damit wieder einmal unterschätze …

Hunde denken also mit, sobald ihnen bewusst geworden ist, worum es geht. Sie durchschauen in recht menschenähnlicher Art komplexe soziale Situationen. Wer mit Hunden lebt, „weiß“ längst, dass sie „beleidigt“ agieren können, wenn sie ungerecht behandelt werden, eifersüchtig, wenn anderen Menschen oder Hunden in ihrer Gegenwart zu viel Aufmerksamkeit gewidmet wird, und vielleicht sogar

---

65 Range et al., 2007,; 2011

„schuldbewusst“, wenn sie ein strenges Verbot missachten und die Wurst vom Tisch klauen: Der eingezogene Schwanz, der Dackelblick und eine offensichtlich gedrückte Stimmung können nichts anderes bedeuten …

Alles nur Überschätzung der Klugheit von Hunden durch Hundefans? Oder hält, was unsere Sinne und unser Hausverstand uns nahelegen, einer kritischen wissenschaftlichen Überprüfung stand?

Es „menschelt“ auch bei Hunden: Ihr Sinn für Gerechtigkeit und die Sache mit der Dominanz

Wirtschaftspsychologen haben gezeigt, dass nichts die menschliche Leistungsmotivation und die Kooperationsbereitschaft nachhaltiger dämpfen kann, als bei gleicher Leistung mit schlechterem Lohn abzuschneiden. Fair muss es zugehen beim *Homo sapiens*, damit alle motiviert und kooperativ bleiben.

Da es unwahrscheinlich ist, dass dieses Bedürfnis nach Fairness als zentraler Faktor im Zusammenleben einfach vom Himmel gefallen ist, machten sich Kognitionsforscher und -forscherinnen auf die Suche nach deren evolutionären Wurzeln. Und fanden sie prompt bei Kapuzineraffen, die eine Futterbelohnung sogar ganz zurückweisen, wenn sie für gleiche Leistung schlechter ausfiel als beim Nachbarn.[66] Nun ja, könnte nun eingewandt werden, grassiert also das Gerechtigkeitsempfinden schon in unserer engeren zoologischen Verwandtschaft. Doch müssen wir deshalb gleich

66 Brosnan und de Waal, 2003

fürchten, auch von unseren Hunden mit solchem Sozialkram konfrontiert zu werden? Sollten wir etwa nicht nur Mitmenschen, sondern auch Mithunde gerecht behandeln – und zwar nicht nur aus ethischen Gründen, sondern auch, damit sie uns gewogen bleiben?

Das sollten wir, fand meine Kollegin Friederike Range heraus.[67] Friederike ist nicht nur Mitbegründerin des Wolfsforschungszentrums, sondern auch treibende Kraft des „Clever Dog Lab" am Messerli-Institut der Veterinärmedizinischen Universität in Wien. Dort arbeiteten die Kolleginnen mit Hundepaaren, die nebeneinander sitzend auf Kommando Pfote gaben. Wurde nur einer der beiden dafür mit Futter belohnt, zeigte der andere nach ganz wenigen Wiederholungen bereits deutliche Zeichen von Stress, verlangsamte sein Pfote-Geben, wurde gelegentlich auch unduldsam seinem belohnten Hundepartner gegenüber und streikte schließlich ganz. Durch Kontrollexperimente wurde ausgeschlossen, dass dies an anderen Faktoren lag als an der Anwesenheit des belohnten Nachbarn.

Interessant ist, dass es den Hunden dabei weniger auf die Qualität der Belohnung ankam: Ein Stück Brot oder eine Karotte war auch okay, selbst wenn der andere Hund mit Wurst belohnt wurde. Nur bei fehlender Belohnung gab es Stress. Dies lässt darauf schließen, dass es den Hunden weniger um den *Wert* der Belohnung ging als um die *soziale Wertschätzung*. Denn dass sie Brot oder Gemüse nicht von Wurst unterscheiden können, möchte ich einfach ausschließen.

Eine ziemlich erstaunliche Lektion für alle, die Hunde und andere Tiere immer noch als Reiz-Reaktionsmaschinen

---

67 Range et al., 2008

sehen. Das Ergebnis dieses Versuchs sollte auch im wirklichen Leben bedacht werden, etwa wenn die Menschen, mit denen ein Hund bereits länger lebt, plötzlich ein Baby bekommen. Dann ist es höchst wichtig, dem Hund ebenso viel freundliche Aufmerksamkeit zu widmen wie dem Familienzuwachs, denn vernachlässigte und eifersüchtige Hunde können dem Kind gefährlich werden. Tatsächlich neigen Hunde gar nicht selten zu spontanem, ausgeprägtem und aggressivem Eifersuchtsverhalten.[68]

Vorsicht ist also angebracht, Kleinkinder gegenüber dem im Haushalt lebenden Hund zu bevorzugen – was übrigens für die soziale Entwicklung des Kindes auch nicht schlecht ist, das auf diese Weise früh lernt, nicht immer im Mittelpunkt zu stehen und die Aufmerksamkeit mit anderen Wesen teilen zu müssen. Umgekehrt gilt das genauso für den Hund: Erhält er jedes Mal Aufmerksamkeit, wenn er sie fordert, wird unter Garantie der Hund zum „kleinen Prinzen", der sich immer dann in den Mittelpunkt drängt, wenn Frauchen gerade versucht, mit jemandem zu sprechen, zu telefonieren oder am Computer zu arbeiten. Richtig einbezogen jedoch wird er das Kind als „seinen Welpen" nahezu adoptieren und geduldig und wachsam betreuen. Wobei Hunde keine sicheren Babysitter sind! Hund und Kind sollten nie unbeaufsichtigt miteinander alleine sein, bis das Kind ungefähr das schulreife Alter erreicht hat.

Völlig unproblematisch hingegen gestaltet sich die Situation, wenn zuerst das Baby und zeitgleich oder kurz danach der Hundewelpe ins Haus kommt. Wie wir heute wissen, können Kinder davon sehr viel profitieren, nicht nur

68 Harris und Prouvost, 2014

was ihre soziale und geistige Entwicklung betrifft. Früher Tierkontakt sorgt auch für ein weniger allergieanfälliges Immunsystem. Nicht zuletzt schaffen Eltern, die sozial kompetentes und verantwortliches Führen bereits mit einem Hund erlernen konnten, die Kindererziehung meist nahezu mit links.

Doch kehren wir zur Gerechtigkeit zurück. Wie wir gesehen haben, überschätzen Menschen ihre Hunde durchaus nicht, wenn sie meinen, diese könnten erkennen, ob sie fair behandelt werden oder ob anderen zu viel Aufmerksamkeit gewidmet wird. Interessanterweise scheiterten jedoch bislang alle Versuche, bei Hunden Schuldbewusstsein nachzuweisen.[69] Dabei scheint es auf den ersten Blick gar nicht schwierig, entsprechende Versuche durchzuführen: Herrchen oder Frauchen deponiert ein Stück verlockendes Futter auf dem Boden oder einem niedrigen Tisch, verbietet dem Hund nachdrücklich, das Futter zu nehmen, und verlässt den Raum. Da Hunde sehr genau merken, wann sie nicht beobachtet werden, wird ein erheblicher Anteil der Hunde den Appetithappen verschlungen haben, wenn der Mensch zurückkehrt. Und sie sollten sogar einem neutral reagierenden Menschen gegenüber den typisch „schuldbewussten“ Blick, typisch „schuldbewusstes“ Verhalten, etwa mit eingezogenem Schwanz, zeigen. Eigenartigerweise erbrachten solche Versuche nie ein eindeutiges Ergebnis.

Angesichts der eben diskutierten sozialen Intelligenzleistungen von Hunden wäre es dennoch verwunderlich, wenn sie ihren Haltern oder Halterinnen gegenüber nach groben Regelverstößen völlig gleichgültig reagierten. Dies

---

69 Hecht et al., 2012; Ostojica et al., 2015

kann aus den bisherigen negativen Ergebnissen auch nicht abgeleitet werden, denn in der Wissenschaft ist prinzipiell nicht möglich, ein negatives Ergebnis als positiven Beleg für ein Nicht-Vorhandensein von etwas zu deuten. So bleibt der Verdacht, dass der fehlende Nachweis von schuldbewusstem Verhalten eher auf die standardisierten Bedingungen solcher Versuche zurückzuführen ist, und dass Hunde sehr sensibel auf subtile soziale Einflüsse reagieren. Ich denke also, dass die bislang negativen wissenschaftlichen Ergebnisse eher den ungeeigneten Versuchsbedingungen geschuldet sind als der mangelnden Fähigkeit von Hunden, sich ihrer Grenzübertretungen bewusst zu werden.

All dies bedeutet nicht, dass es Hunde mittels Steigerung ihrer sozialen Intelligenz darauf abgesehen hätten, uns die Führungsrolle im Team streitig zu machen – außer ein Mensch stellt sich allzu seltsam an. Im Leben mit Hunden sollte vor allem deren Bereitschaft berücksichtigt werden, in Hierarchien zu denken und zu leben.

Tatsächlich stellte sich in Toleranztests mit Artgenossen heraus, dass Hunde offenbar in noch steileren Dominanzhierarchien denken und leben als Wölfe.[70] Während etwa bei Wölfen die Hoch- und Niederrangigen gemeinsam fressen, nicht ohne ständig durch Geknurre und Geschnappe die eigene Position zu verhandeln, findet sich bei Hunden der Ranghohe gewöhnlich alleine am Futter, während die Rangniederen respektvoll in einigem Abstand warten. Tun sie es nicht, gibt es einen ernsten Verweis.

Es liegt nahe, den Ursprung des im Vergleich zu Wölfen höheren Respekts der Hunde vor der Dominanz der

70 Range et al., 2015

Ranghohen im langen Zusammenleben mit Menschen zu vermuten. Sie wurden über die Jahrtausende sicherlich stark darauf ausgelesen, den Willen und auch die persönlichen Gegenstände der Menschen zu respektieren. Tatsächlich erkennen Hunde recht sensibel dominantes Verhalten bei Menschen.[71] Leben etwa mehrere Hunde in einem Haushalt zusammen, ist der ranghöchste meist der älteste, am besten trainierbare Hund, der auch dazu neigt, am aggressivsten von allen Hunden zu reagieren.[72] Interessanterweise lernen dominante Hunde auch bereitwilliger von ihren Menschen als die subdominanten Hunde.[73] Wieder liegt nahe, dass es dabei um die Relevanz von Beziehungen geht: Während für den ranghöchsten Hund die Beziehung zum Menschen absolut im Zentrum steht, lebt der ihm untergeordnete Hund sozusagen im Beziehungsdilemma zwischen seinem Menschen und dem dominanten Artgenossen.

Es lässt auch in Richtung Mensch tief blicken, dass Hunde im Vergleich zu Wölfen im langen Zusammenleben mit uns zu wahren „Hierarchie-Junkies" wurden. Das weist deutlich auf die Bedeutung von Hierarchien und Dominanz in menschlichen Gesellschaften hin. Dass Hunde offenbar auf den Respekt vor Dominanz getrimmt sind, bedeutet aber noch lange nicht, dass ein Hund für ein gelingendes Zusammenleben mit aggressiven Methoden dominiert werden muss. Dies wurde in der Vergangenheit lange genug praktiziert, weswegen Hunde schließlich so sind, wie sie sind. Herrisches Dominieren führt gewöhnlich zu Hunden, die zwar „funktionieren", die aber aufgrund des Angstfaktors in

71 Schilder et al., 2014

72 Akos et al., 2014

73 Pongrácz et al., 2012

der Beziehung wenig eigenständig denken und sich eher zu Untergebenen als zu Partnern auf Augenhöhe entwickeln. Zum gewaltigen Unterschied zwischen Dominanzausübung und positiver Führung ist in Kapitel 7 mehr zu lesen.

Hunde können sich besser beherrschen und konzentrieren als Wölfe, aber beide sind keine Genies in Physik

Der Versuch, den ich gerade in Zusammenhang mit dem möglichen Schuldbewusstsein von Hunden geschildert habe, kann nur mit Hunden, nicht aber mit Wölfen durchgeführt werden. Selbst ein optimal mit Menschen sozialisierter und trainierter Wolf würde der Anweisung, das verlockende Stück Futter nicht zu nehmen, keine Sekunde lang folgen – wohl weil er das weder will noch kann, wenn es um Futter geht. Ich sage bewusst wollen: Denn versteht ein Wolf (meist sehr rasch), dass es ein schönes Stück Fleisch gibt, wenn er das Stück Trockenfutter liegen lässt, kann er sich bis zu einer Minute lang ziemlich gut beherrschen; gewöhnlich jedoch nicht so lange wie Hunde, da Wölfen das Warten auf besseres Futter rasch langweilig wird. Für Hunde hingegen ist es im Zusammenleben mit Menschen höchst wichtig, warten zu können, Verbote zu befolgen, den menschlichen Willen, seine Nahrung, Kleidung, Einrichtungsgegenstände zu respektieren und sich auf jene Aufgaben zu konzentrieren, in denen Menschen sie einsetzen. Darum halte ich es für ziemlich wahrscheinlich, dass sie einen inneren Regelwächter entwickelt haben, also eine Instanz – wahrscheinlich in ihrem Stirnhirn –, die über sozial richtiges oder falsches Tun wacht. Darum auch meine gerade geäußerte Skepsis, dass Hunde kein Schuldbewusstsein entwickeln würden.

Es ist bemerkenswert, dass Hunde ganz offensichtlich alle möglichen Impulse und damit ihr eigenes Verhalten besser beherrschen können als Wölfe[74], zumindest wenn es um die Kooperation mit Menschen geht. Diese Art von Impulskontrolle wird auch als „Inhibition" bezeichnet und ist ein wichtiger Teil der sogenannten „exekutiven Funktionen": sich beherrschen und konzentrieren, Ziele verfolgen, sich flexibel an die jeweilige Situation anpassen zu können und spontane Impulse und Einfälle zu unterdrücken.

All das beeinflusst in komplexer Weise die Fähigkeit von Hunden, Probleme zu lösen.[75] Es erlaubt ihnen, jene Aufgaben gut zu lösen, die Menschen ihnen zudenken. Im Vergleich dazu sind Wölfe wahre Zappelphilippe – ohne allerdings am berühmt-berüchtigten Aufmerksamkeitsdefizitsyndrom zu leiden. Wölfe haben einfach immer andere, für sie wohl wichtigere Dinge im Kopf. Denn wollen sie selbst etwas erreichen, können sie unglaublich konzentriert und zielorientiert arbeiten.

Ich erinnere mich gut an ein Erlebnis, als wir 2009 am Wolfsforschungszentrum eine zweite Gruppe Wolfswelpen aufzogen. Das geschah behelfsmäßig in einem alten Pferdestall, dessen Boden aus Hygienegründen mit einem Kunststoffbelag ausgelegt war. Eines Nachts machte sich ein etwa vier Monate altes Wölfchen neben meiner Matratze mit Verve daran, diesen Boden mit Zähnen und Klauen zu zerstören. Da wir den Wölfen nie etwas verbieten, versuchte ich ihn mittels Spielzeug und ein wenig Balgen abzulenken, was

74 Marshall-Pescini et al., 2015

75 Müller et al., 2016

auch gelang. Als ich nach zehn Minuten damit aufhörte, ging das Wölfchen unverzüglich wieder an sein Zerstörungswerk. Die anderen Welpen machten schließlich mit, und in kaum zwei Nächten war unser teurer Kunststoffboden Geschichte. Eine solche Zielstrebigkeit in eigener Sache erlebt man mit Hundewelpen nicht.

Zu den Anpassungen der Hunde an ein Zusammenleben mit Menschen zählt auch ihre Art, miteinander und mit uns zu kommunizieren. Prinzipiell sind Hunde in ihrem Ausdrucksverhalten immer noch Wölfe, allerdings etwas abgespeckt in Mimik und Körpersprache.[76] Mit Ausnahme des Bellens. Zwar bellen auch Wölfe, allerdings nur in ganz wenigen Zusammenhängen. Kenai, der Hudson-Bay-Wolf am Wolfsforschungszentrum, stimmt sein markerschütternd raues und lautes Kriegsgebell nur an, wenn er einen Wolf eines anderen Rudels erblickt und zwischen Angriff und Davonlaufen hin- und hergerissen scheint. Wölfe heulen eher: um das Rudel zusammenzuhalten, als akustische Reviermarkierung oder einfach, um emotional ihre Zusammengehörigkeit auszudrücken.

Hunde heulen kaum, wenn es sich nicht um wolfsähnliche Rassen wie Huskies oder Basenjes handelt. Dafür bellen sie ausführlich und in allen möglichen Tonlagen und Zusammenhängen. Hunde bellen aggressiv Eindringlinge an, sie bellen, wenn sie einen Knochen verteidigen, sie bellen als Spielaufforderung und stereotyp in verzweifelter Einsamkeit an der Kette. Entsprechend unterschiedlich klingt ihr Gebell in diesen Situationen.[77] Ähnlich wie Wolfsgeheul,

---

76 Zimen, 1980, 1988

77 Pongrácz et al., 2010; Farago et al., 2010

transportiert das Bellen bei Hunden soziale Information.[78] Die Bedeutung des Bellens ist für Menschen einfacher erkennbar als die im Heulen von Wölfen.[79] Differenziertes Bellen ist also offensichtlich als Anpassung der Kommunikation von Hunden an das Zusammenleben mit Menschen entstanden. Hunde selbst erkennen die Identität von Artgenossen und ihre Stimmungslage ebenfalls am Bellen.[80] Die Domestikation hat also auch die artinterne akustische Kommunikation erheblich verändert.

In vielen Bereichen zeigen sich Unterschiede, wie Wölfe oder Hunde sich in ihrer Welt orientieren und welche geistigen Leistungen sie befähigen, mit den Herausforderungen des Lebens zurechtzukommen. So etwa sind Wölfe unbekannten Gegenständen gegenüber vorsichtiger, inspizieren und erforschen diese aber auch länger als Hunde.[81] Das mag zwar die Wölfe ehren, für Hunde aber ist es zweifellos besser, sich in der Welt der Menschen voller Gegenstände und Situationen, die in der Natur nie vorkamen, nicht von allem aus der Bahn werfen zu lassen, was sie nicht genau kennen. Es scheint, als wären Hunde viel mehr an uns Menschen interessiert als an unseren Gegenständen. Diese gewinnen erst Bedeutung, wenn sich Menschen mit ihnen beschäftigen. Selbst das Interesse an Gegenständen ist bei Hunden also stark sozial motiviert.

Wölfe oder Hunde unterscheiden sich auch darin, was sie über die Dinge in ihrer Umgebung wissen oder lernen können. Weder Wölfe noch Hunde glänzen als Genies im

---

78 Mazzini et al., 2013

79 Pongrácz et al., 2011

80 Molnar et al., 2009

81 Moretti et al., 2015

Fach Alltagsphysik. Sie tun sich beispielsweise schwer damit, „Verbundenheit“ zu erkennen: Hängt ein Stück Fleisch an einer Schnur vom Ast, erkennt ein Rabe spontan, dass er drankommt, wenn er an der Schnur zieht. Raben schaffen auch auf Anhieb, mit dem Schnabel zu ziehen und mit den Krallen die Schnur festzuhalten, ohne es je geübt zu haben.

Präsentiert man Wölfen oder Hunden auf einem Tablett je eine Schnur mit einem Stück Fleisch oder einem Stein am Ende so, dass sie durch Ziehen am Ende des Seils den Gegenstand in ihre Reichweite bringen könnten, stellen sie sich nicht besonders klug an. Noch weniger gelingt es ihnen, wenn sie die Wahl zwischen einem intakten Seil mit Fleisch am Ende und einem durchschnittenen Seil haben, oder wenn die Seilenden überkreuzt sind. Entscheidet sich das Tier für jenes Seilende, das dem Fleisch am nächsten ist, zieht es den Stein zu sich heran. Erst nach langem Training kommen Hunde und Wölfe einigermaßen damit zurecht; allerdings machen sie immer eine Menge Fehler: Wölfe entwickeln eher eine stabile Seitenpräferenz, während Hunde immer wieder auf das dem Fleisch nähere Seilende hereinfallen.[82] Den Wölfen sei das verziehen: Schließlich zählen Seile nicht zur Standardausstattung ihrer natürlichen Umgebung …

Diese Ergebnisse könnten auch erklären, warum offenbar Wölfe und Hunde keinen Zusammenhang herstellen zwischen dem Menschen am anderen Ende der Leine und dem Zug, den sie am Halsband verspüren. Wird ein Wolf direkt am Nackenfell in eine Richtung gezerrt, ruft das sofortigen Widerstand hervor. Den Leinenzug beziehen sie aber offenbar – wie Hunde auch – kaum auf den verursachenden

82 Range et al., 2012

Menschen. Richtig eingesetzt ist die Leine also ein gutes Instrument der Kommunikation mit dem Tierkumpan am anderen Ende, weil der in Zusammenhang mit einem verbalen Kommando zwar den Effekt eines Korrekturversuchs spürt, dies aber nicht als negative soziale Einwirkung des Menschen wahrnimmt, wenn dieser dabei freundlich und ruhig bleibt.

Obwohl Hunde wie Wölfe offenbar keine Champions in Alltagsphysik sind, können sie doch logische Schlüsse ziehen. Wenn sie wissen, dass einer von zwei Behältern ein Spielzeug enthält, aber der, den sie einsehen können, leer ist, wählen sie gewöhnlich den anderen Behälter.[83] Von diesem Vermögen der Ausschlusslogik lassen sie sich aber relativ leicht ablenken: Wendet Herrchen oder Frauchen die Aufmerksamkeit eher dem leeren Behälter zu, sind sie sich ihrer Wahl gleich nicht mehr so sicher, obwohl sie sehen, dass nichts darin ist. Konformismus mit Menschen kommt bei Hunden anscheinend vor selbstständigem Denken. Mit Wölfen wurden solche Versuche zur Ausschlusslogik noch nicht durchgeführt. Es ist aber anzunehmen, dass sie dabei positiv abschneiden und sich auch weniger durch anwesende Menschen ablenken lassen als Hunde.

Wölfe können auch besser als Hunde „mehr" von „weniger" unterscheiden. Haben sie auf einem geteilten, berührungsempfindlichen Bildschirm die Wahl zwischen fünf Punkten rechts und sieben Punkten links, bei gleicher Flächenfüllung durch die Punkte auf beiden Seiten, lernen Wölfe recht rasch, sich für die höhere Punktezahl zu entscheiden, wenn sie vorher gelernt haben, dass die Entscheidung für

---

83 Erdohegy et al., 2007

„mehr" immer belohnt wird. Hunde sind bei dieser Aufgabe kaum erfolgreich.[84] Es handelt sich hier allerdings nicht um tatsächliches Zählen, sondern um jene intuitiv-spontane Erfassung einer Anzahl, die auch Menschen bis ungefähr einer Menge von neun schaffen. Diese Fähigkeit von Wölfen könnte damit erklärt werden, dass es für sie überlebenswichtig ist, die Zahl der Köpfe im eigenen Rudel mit der Rudelgröße der Nachbarn zu vergleichen. Für Hunde dagegen hat „mehr" oder „weniger" offenbar an Bedeutung verloren.

Kooperation mit Artgenossen und mit Menschen

Letztlich beeinflussen alle bislang diskutierten geistigen und sozialen Eigenschaften die Fähigkeit von Hunden und Wölfen, untereinander oder mit Menschen zusammenzuarbeiten. Menschen und Wölfe sind wahrscheinlich unter allen Tieren dieser Welt am stärksten auf Kooperation ausgerichtet, sieht man von sozialen Insekten ab. Deren Kooperation basiert aber weniger auf geistigen Fähigkeiten denn auf einfachen Regeln und instinktiven Reaktionen auf Reize. Sehr wahrscheinlich, dass Wölfe und Menschen genau deswegen vor etwa 35 000 Jahren zusammenkamen. Das Ergebnis der Optimierung der Zusammenarbeit in unseren Diensten nennen wir heute Hund.

Die Essenz der Domestikation des Wolfes zum Hund mag die stärkere Fokussierung der beim Wolf bereits vorhandenen, aber auf Artgenossen ausgerichteten Fähigkeit zur Zusammenarbeit auf den Menschen gewesen sein. So

---

84 Utrata et al., 2012

wurden Hunde in ihrem Wesen fast zu „Artgenossen“ des Menschen. Dieses Umpolen der Kooperationsbereitschaft macht wahrscheinlich den Kern der bereits von Erik Zimen festgestellten „doppelten Identität“ des Hundes aus.

Verblüffend, um wie viel besser Wölfe in manchen Kooperationstests mit Artgenossen abschneiden als Hunde. So etwa führt meine Kollegin Friederike Range mit Wölfen und Hunden zur Zeit der Entstehung dieses Buches vergleichende Tests durch, die darin bestehen, dass zwei Tiere gleichzeitig an den in das Gehege ragenden Enden eines um eine bewegliche Plattform gelegten Seiles ziehen sollen, um so die Plattform näher an den Zaun und die beiden Stücke Fleisch in Reichweite zu bringen. Zieht nur eines der beiden Tiere, steht es mit dem Seil alleine da, und das verlockende Futter bleibt außer Reichweite. Die Details der Ergebnisse werden hier noch nicht verraten, da sie in der Entstehungszeit dieses Buches noch nicht wissenschaftlich korrekt publiziert waren. Nur so viel: In diesem sogenannten „Loose String Paradigm“ schneiden Wolfspaare gewöhnlich gut ab, und zwar ganz ohne Vortraining. Sie scheinen spontan zu verstehen, worum es geht, können aufeinander warten, koordinieren sich mit Blicken und ziehen gemeinsam.

Hunde dagegen scheitern meist auf seltsame Art, auch wenn sie vorher auf das Ziehen am Seil trainiert wurden. Entweder steht der ranghöhere Hund vor dem Apparat und der andere traut sich nicht heran, oder das rangniedere Tier „flirtet“ mit dem ranghohen Kollegen und vergisst derweil, worum es eigentlich geht. Vielleicht verstehen Hunde tatsächlich einfach nicht, worum es geht …

Solche Ergebnisse sprechen für die Idee, Hunde hätten ihre ursprünglich wölfische Kooperationsbereitschaft auf

Menschen umgepolt, mit denen sie unter Menschenbedingungen besser kooperieren als Wölfe. Dies bedeutet aber nicht, dass Hunde einander gleichgültig wären und gar nicht mehr miteinander können. So etwa sind sie durchaus bereit, für befreundete Hunde Futter zugänglich zu machen.[85]

Aber stimmt es wirklich, dass Hunde in Alltagssituationen viel besser mit Menschen zusammenarbeiten als Wölfe? Um aussagekräftig zu sein, müssen Laborversuche einfach aufgebaut sein und standardisiert durchgeführt werden. Genau das kann aber genau jene Fähigkeiten und Verhaltensweisen blockieren, an denen die Studie eigentlich interessiert ist. So kann das „standardisierte", also neutrale Verhalten der versuchsdurchführenden Personen Hunde so stark irritieren, dass sie unter ihrem Wert geschlagen werden. Zudem bleiben immer Zweifel, ob eine unter einfachen Versuchsbedingungen getestete Zusammenarbeit auch unter wesentlich komplexeren Bedingungen klappt. Daher ist es geraten, einfache Laborversuche mit Versuchen zu kombinieren, die unter natürlicheren und komplexeren Bedingungen durchgeführt werden.

Genau das haben wir mit Leinenspaziergängen und diversen Trainingssituationen versucht. In beiden „lebensnahen" Situationen arbeitet jeweils ein Mensch mit einem Partnertier zusammen. Am Wolfsforschungszentrum haben alle Wölfe das „Recht" auf mindestens einen Leinenspaziergang pro Woche; meist werden es mehr. Nicht nur die Hunde, auch die Wölfe sind leidenschaftlich gerne an der Leine unterwegs. Eine gute Gelegenheit also, die Umgebung der Gehege und den großen Park zu erforschen, neue Menschen

85 Quervel-Chaumette et al., 2015

kennenzulernen und einmal Schnauze an Schnauze bei den benachbarten Wildschweinen vorbeizusehen. Ihre Umgebung zu erkunden, ist Grundbedürfnis von Wölfen und Hunden, und nichts stärkt die Partnerschaft mehr als gemeinsame Unternehmungen.

Die Sorge um das Wohlergehen der Partnertiere ist die „Philosophie" des Zentrums. Wir mögen unsere Kooperationspartner und sie hoffentlich uns; und nur Tiere, denen ihre Situation passt, können auch gute Partner in der Wissenschaft sein.

Die Leine zwischen Hund oder Wolf und Mensch ist dabei weniger dafür gedacht, den Vierbeiner am Weglaufen zu hindern – das haben unsere Hunde- und Wolfskumpane ohnehin nicht im Sinn. Sie dient einerseits der Kontrolle, denn obwohl auch Wölfe auf langen Spaziergängen gewöhnlich mit ihren Menschen gut synchronisiert bleiben, möchte ich lieber nicht wissen, was sie auf kurzen Abstechern in die Umgebung alles täten. Vor allem aber verbindet die Leine Wolf oder Hund und Mensch als Kommunikationsinstrument. Der Leinenspaziergang kann daher als kooperatives, gemeinsames Unternehmen gesehen werden. Klappt diese Kooperation gut, ist zu beobachten, wie das Paar harmonisch miteinander unterwegs ist, was sich an relativ gleichzeitigen Stopps und Richtungswechseln und vor allem einer entspannten Leine zeigt. Er kann aber auch zum konfliktreichen Ereignis werden, mit viel wechselseitiger Unaufmerksamkeit und Gezerre an der gespannten Leine.

Also schickten wir uns an, Leinenspaziergänge näher zu untersuchen. Dabei führten 13 unterschiedliche Spaziergänger und Spaziergängerinnen elf Hunde und elf gleichartig aufgezogene Wölfe aus, und zwar jeweils auf mehrere von einer Videokamera eingesehenen 80 Meter langen Strecken, die viermal in normalem Spaziergehtempo zurückgelegt werden mussten, mit ein paar eingestreuten Kommandos wie „Sitz!“ und „Platz!“. Die Spaziergänge wurden mit unter einjährigen Tieren durchgeführt und mit erwachsenen, über zweijährigen Hunden und Wölfen wiederholt. Wölfe und Hunde verhielten sich an der Leine recht ähnlich. Beide liefen meist manierlich, mit ein wenig mehr Führungskonflikten mit Wölfen als mit Hunden und ein wenig mehr dieser Konflikte und gespannter Leine bei jungen Hunden und Wölfen als bei älteren; die Wölfe führten allerdings die Kommandos prompter aus als die Hunde.[86] Es sei hier auch verraten warum: Die Spaziergänge fanden oft bei feuchtem Wetter statt, und unsere Hunde legten gar keinen Wert darauf, sich auf den nassen Boden zu setzen oder zu legen; den Wölfen schien das völlig egal zu sein. Die Kommandos wurden am raschesten von den Wölfinnen befolgt, gefolgt von Wolfsrüden und Hunderüden. Am langsamsten waren die Hündinnen.[87]

Spaziergänge sind paarweise Unternehmungen. Man kann daher davon ausgehen, dass das Verhalten des Partnertieres und des Menschen an der Leine voneinander abhängt und aufeinander rückwirkt. Obwohl die Spaziergänger die Anweisung erhalten hatten, vor der Kamera „ganz normal“ wie immer zu gehen und Hunde und Wölfe völlig gleich zu behandeln, war dies natürlich nicht der Fall. Die Auswertungen zeigten, dass die Wölfe etwas mehr Aufmerksamkeit bekamen, aber weniger angesprochen und mit Leckerlis belohnt wurden als die Hunde. Im Endeffekt zählt aber, was

86 Kotrschal et al., 2013

87 Kotrschal et al., 2013

dabei herauskommt, nämlich eine sehr ähnliche Koordination zwischen Mensch und Hund bzw. Wolf. Diese Versuche wurden mit gleichartig aufgezogenen Wölfen und Hunden durchgeführt. Daher ist aus unseren Ergebnissen der relativ robuste Schluss zu ziehen, dass mit Menschen sozialisierte Wölfe hervorragend mit Menschen kooperieren können. Die Domestikation, die uns in Kapitel 6 noch beschäftigen wird, veränderte also nicht die Kooperationsfähigkeit *per se*, sondern eher deren Bedingungen.

Ein ähnliches Ergebnis brachte die Analyse von Fünf-Minuten-Trainingseinheiten mit positiver Verstärkung von jeweils einem Trainer (oder einer Trainerin) mit einem Wolf oder Hund in einem Testraum. Die Tiere werden am Wolfsforschungszentrum ab ihrer dritten Lebenswoche auf diese Weise auf die Zusammenarbeit mit Menschen trainiert, was die wechselseitige Aufmerksamkeit und Bindung stärkt und die generelle Kooperationsbereitschaft fördert. Bei den „Kooperationstieren“ Mensch, Wolf und Hund aktiviert die erfolgreiche Ausführung gemeinsamer Unternehmungen das Belohnungssystem und stärkt die Beziehung. Nach jeder erfolgreichen Ausführung von einfachen Kommandos wie „Sitz!“, „Platz!“, „Pfote!“ – insgesamt verwenden wir über 20 verschiedene Kommandos – erhält der Hund oder Wolf eine Belohnung. Die Hunde waren in diesen experimentellen Trainingseinheiten beinahe 100 Prozent, die Wölfe fast 90 Prozent der gesamten Zeit des Experiments konzentriert auf das Training – dies, weil die Wölfe gelegentlich nicht umhinkamen, den Testraum zu beschnüffeln oder zu markieren, was Hunde seltener taten. Auch in der Qualität der Ausführung der Kommandos gab es kaum Unterschiede zwischen Wölfen und Hunden. Zudem fiel bei Hunden, Wölfen und den Trainingspersonen das Stresshormon Kortisol im Verlauf der Trainingseinheiten ab.[88] Allerdings fanden wir große Unterschiede in den Kortisolwerten der einzelnen Trainer und Trainerinnen. Das wäre an sich noch nicht erwähnenswert: Menschen und andere Tiere unterscheiden sich eben im individuellen Stressmanagement. Interessanter ist, dass hohe Kortisolwerte bei den Menschen mit hohen Stressmarkern bei den Partnertieren einhergingen, was dafür spricht, dass es bei dieser Art der Zusammenarbeit eine emotionale „Ansteckung" gibt. Entspannte Menschen arbeiten mit entspannten Partnertieren und umgekehrt.

Generell bedeutet unser Ergebnis, dass die anfängliche durchaus positive Erregung um die Trainingseinheit während der erfolgreichen Zusammenarbeit in Beruhigung übergeht, und dass ein angemessenes Training beim Wildtier Wolf in Gehegehaltung auf ähnliche Weise zum Wohlbefinden beitragen kann wie bei Hunden. Vor allem aber zeigt sich, wie belohnend und beruhigend bei den Kooperationstieren Wolf, Hund und Mensch das gemeinsame erfolgreiche Bewältigen auch einfacher Aufgaben sein kann.

Schließlich wurden Wölfe und Hunde per Klicker-Training auf ein „Target" – eine einfache Holzscheibe –, sowie darauf trainiert, frei auf einem riesigen Laufband mit zweieinhalb mal zehn Metern Fläche zu laufen. Der Wolf oder Hund wurde geklickert und belohnt, sobald er mit der Nase die Scheibe berührte. Das lernten die Tiere rasch. Nun wurde das Target über dem Laufband angebracht, die Tiere mussten also das Band betreten, um die Scheibe zu berühren. Schließlich bewegte sich auch das Laufband. Die Trainer

88 Da Silva Vasconcellos et al., 2012

oder Trainerinnen befanden sich außerhalb des Geheges in einigen Metern Entfernung von den Tieren.

Überraschenderweise durchliefen die Wölfe die Trainingsschritte um einiges rascher als die Hunde – wahrscheinlich, weil Hunde immer dann besonders gut mit Menschen zusammenarbeiten, wenn sie nicht zu weit voneinander entfernt sind.[89] Wölfe dagegen sind durchaus darauf eingestellt, dass die Kooperation bei der Jagd auch auf Distanz klappt. Dass ihre Trainer in einigen Metern Entfernung vom Laufband standen, verunsicherte sie im Gegensatz zu den Hunden offenbar nicht. Vielleicht können Hunde auf Distanz auch einfach nicht so gut erkennen, dass sie die volle Aufmerksamkeit durch die Menschen genossen, was den Wölfen weniger wichtig zu sein scheint. Manche Hunderassen wie Bordercollies können exzellent auf Fernkommunikation trainiert werden; aber unsere Hunde in Ernstbrunn sind eben keine Spezialisten, sondern ganz normale Mischlingshunde.

Zusammengenommen lässt das in diesem Kapitel behandelte Mosaik an Befunden erkennen, dass es sehr wohl gut bestimmbare Unterschiede in den geistigen Leistungen zwischen Hunden und Wölfen gibt. In vielen Bereichen der Abstimmung und Zusammenarbeit mit Menschen, wie beim Deuten von Zeigegesten, beim Blick-Folgen, bei Leinenspaziergängen oder im einfachen Gehorsamstraining, sind sie allerdings nur gering. Die Domestikation machte Hunde also nicht von Grund auf viel kooperativer mit Menschen als Wölfe. Die Unterschiede sind geringer

89 Kortekaas und Kotrschal, 2016

und subtiler, als die bisherigen Domestikationshypothesen vermuten lassen.

Hunde sind allerdings weniger tolerant und kooperativ miteinander als Wölfe und lernen auch weniger genau voneinander als Wölfe. Auffällig stark passte sich im Verlauf der Domestikation das Kommunikationsverhalten von Hunden an Menschen an. Und Hunde sind in ihren Leistungen viel stärker von Beziehung und Kommunikation mit ihren Menschen abhängig als gleichartig aufgezogene Wölfe. Obwohl Wölfe sehr zielstrebig im Verfolgen eigener Ziele sein können, übertreffen Hunde Wölfe, wenn es darum geht, sich auf die Zusammenarbeit mit Menschen zu konzentrieren, Gebote oder Verbote zu befolgen und andere, ablenkende Impulse zu unterdrücken. Im Kern scheint sich während der Hundwerdung vor allem das soziale Interesse in Richtung Mensch verstärkt zu haben. Dies äußert sich in einer im Vergleich zu Wolfswelpen viel leichteren Sozialisierbarkeit und in ihrer Aufmerksamkeit und ihrem Willen zur Zusammenarbeit mit Menschen.

Die enge Anpassung der Hunde an unsere sozialen Bedürfnisse deutet aber auch indirekt auf eine große Besonderheit von Menschen im Vergleich mit anderen Tierarten hin: ihrem Wunsch, Bedürfnis und Vermögen, mit anderen Tieren zu leben. Warum dieser Wunsch existiert und warum wir auch tatsächlich mit Tieren anderer Arten soziale Beziehungen eingehen können, ist im folgenden Kapitel nachzulesen.

4

—

WARUM WIR MITEINANDER WOLLEN UND AUCH MITEINANDER KÖNNEN

Woher kommt das seltsame menschliche Bedürfnis, mit anderen Tieren zu leben? Und warum wollen Menschen das nicht nur, warum können sie auch zu Hunden ähnliche soziale Beziehungen unterhalten wie zu Menschen – manchmal sogar bessere? Einerseits sicherlich, weil wir aufgrund unserer evolutionären Vergangenheit ein „biophiles", also naturliebendes, Wesen entwickelten. Andererseits, weil wir mit anderen Tieren weitgehend die sozialen Werkzeuge von Gehirn und Physiologie teilen. Und natürlich, weil die Beziehung zum Hund so beglückend unkompliziert sein kann.

Menschen haben sich offenbar in den letzten 35 000 Jahren so an Hunde gewöhnt, dass viele Leute nicht mehr ohne sie leben wollen. Aber warum taten sich die Leute in der Altsteinzeit überhaupt mit Wölfen zusammen? Wie um alle Welt kamen sie auf diese seltsame Idee? Gingen unsere altsteinzeitlichen Vorfahren mit den Wölfen einfach einen rationalen Deal ein, um gemeinsam zu jagen? Vielleicht auch, um die Seelen der Verstorbenen besser ins Jenseits zu bringen? Beide Gründe fallen unter „rational", denn bei unseren jagenden und sammelnden Vorfahren gab es keine Trennung zwischen „Kirche und Staat"; ihre Spiritualität durchdrang das gesamte Leben und war durchaus praxisorientiert.

Oder war da noch etwas anderes?

Warum Menschen mit Hunden leben wollen

Der Vergleich macht einigermaßen sicher: Mit anderen Tieren relativ zweckfrei zu leben ist keine dekadente Angelegenheit des industriellen Zeitalters; das haben Menschen schon immer getan.[90] Wir sind damit im Tierreich allerdings ziemlich einzigartig. Schimpansenkinder etwa spielen zwar mit jungen Kolobusaffen, was sie aber nicht daran hindert, sie später zu jagen und teils bei lebendigem Leib aufzuessen. Menschen seien „biophil", stellte der große US-amerikanische Biologe Edward Wilson 1984 fest. Er meinte damit das große, beinahe instinktive Interesse von *Homo sapiens* an der Natur und an Tieren.

Der österreichische Verhaltensforscher Konrad Lorenz scheint dafür ein leuchtendes Beispiel: Er zog von früher Kindheit an so ziemlich alles auf, was kreucht und fleucht. Er hielt im Verlauf seines Heranwachsens hunderte Vögel und Säugetiere meist frei in der elterlichen Villa und deren Garten in Altenberg bei Wien. Seine systematisierten Beobachtungen und Erfahrungen verdichtete er später mit seinem Kollegen und Freund Niko Tinbergen zu einer universellen „ethologischen Theorie" zur Erklärung des Verhaltens von Menschen und anderen Tieren, die den beiden 1973 den

90 Serpell, 1986

Nobelpreis für Medizin einbrachte. Unter anderem lebte Konrad Lorenz seit seiner Kindheit mit Hunden. Besonders beeindruckte ihn die Chow-Schäfer-Mischlingshündin Stasi, die später auch im Mittelpunkt seines Bestsellers „So kam der Mensch auf den Hund“ stand. Den schrieb der wortmächtige Forscher übrigens auf Drängen seiner Frau, die ihn bat, sein wissenschaftlich-schriftstellerisches Talent doch auch einmal in den Dienst des Familieneinkommens zu stellen. Lorenz war zwar damals schon ein berühmter Wissenschaftler, was aber weder den Mann noch seine Familie nährte.

Konrad Lorenz meinte – wohl in Selbsteinsicht –, das forschende Interesse der Menschen an der Natur läge darin begründet, dass Menschen „neotäne“ Menschenaffen wären, also evolutionär dazu bestimmt, nie ganz erwachsen zu werden. Als einzige Art unserer zoologischen Verwandtenrunde würden sie zeitlebens im Jugendstadium verharren und daher interessiert, neugierig und verspielt bleiben. Eine interessante These, allerdings schwierig wissenschaftlich zu testen.

In eine ähnliche Richtung geht die neuere Idee, Menschen hätten sich selbst genauso wie ihre Haustiere auf Nettsein ausgelesen, weil zur Bewältigung des ökologischen Umfelds eine hohe Kooperationsbereitschaft erforderlich gewesen sei.[91] Warum wir Menschen ausgerechnet mit dem domestizierten Wolf so eng zusammengewachsen sind und nicht mit unseren genetisch nächsten Verwandten, den Schimpansen, beantwortete Konrad Lorenz mehrmals, unter anderem auch in einer Diskussion mit Jane Goodall, sinngemäß folgendermaßen: Der Mensch sei selbst schon

91 Hare et al., 2012

machiavellistisch genug; eine Partnerschaft mit einem Tier, das ähnlich wie Menschen ständig auf den eigenen Vorteil bedacht sei, hätte wohl nicht geklappt. Wölfe und Hunde dagegen seien zutiefst kooperativ, auf das Wohl der Gruppe bedacht und bereit, sich in die menschliche Hierarchie einzugliedern. Das wird im Wesentlichen von den neuen Ergebnissen der vergleichenden Mensch-Wolf-Hunde-Forschung bestätigt.[92]

Edward Wilson sieht die Biophilie des Menschen in Zusammenhang mit seiner breiten ökologischen Orientierung. Das instinktive Interesse an Natur und Tieren sei überlebenswichtig gewesen, um sich ökologisch und kulturell an eine Vielzahl von Lebensräumen anzupassen, was wiederum die menschliche Biophilie verstärkt habe. Wie auch die Neotänie-Hypothese von Konrad Lorenz klingt das ziemlich plausibel. Wobei Plausibilität in der Wissenschaft nicht ausreicht, um ein Konzept als einigermaßen vernünftige Arbeitshypothese zu akzeptieren. Das entscheidende Kriterium ist neben der Passung mit der Evolutionstheorie die Überprüfbarkeit.

Im experimentellen Sinne testbar ist ein historisches Konzept natürlich nie. Doch auf Basis des bisherigen Wissens können immerhin gut informierte Szenarien entworfen werden etwa darüber, wie es dazu kam, dass Menschen so sind, wie sie heute sind.

So kann die Glaubwürdigkeit der Biophilie-Hypothese zumindest an relevanten Fakten gemessen werden. Zum Beispiel, dass Menschen unabhängig von Kultur und Herkunft umso stärker an Tieren interessiert sind, je jünger

92 Kotrschal, 2012

sie sind. Die Psychologin Judy De Loache von der University of Virginia in den USA zeigte drei bis sechs Monate alten Säuglingen alle möglichen Bilder und Gegenstände. Als Psychologin ist sie an der Entwicklung der mentalen Repräsentationen von Dingen im Gehirn der Kinder interessiert. Zunächst überraschend fand sie, dass die Säuglinge Tieren gegenüber am längsten aufmerksam, also am meisten an Tieren interessiert waren.[93] Es dürfte kein Zufall sein, dass weltweit die frühe Kinderliteratur von Tieren bestimmt ist: Kein Buch für Drei-bis Zwölfjährige kommt ohne Tiere aus. Dazu passt, dass die ersten wortähnlichen Laute, die Kinder von sich geben, gewöhnlich mit Tieren zu tun haben. Sorry, liebe Eltern, aber „wau wau" oder „miau" stechen „Mama" sehr oft aus.[94] Kinder von *Homo sapiens* haben sich einfach noch nicht in jenem Ausmaß von Tieren und Natur „emanzipiert", wie Erwachsene glauben, es bereits geschafft zu haben; sie benötigen für ihre gute Entwicklung immer noch eine kräftige Prise Altsteinzeit.

Warum ist dies in Richtung Biophilie relevant? Zwar kam Ernst Haeckels Regel etwas in Misskredit, wonach die Individualentwicklung die stammesgeschichtliche Entwicklung widerspiegelt – mag sein, dass der große deutsche Zoologe des 19. Jahrhunderts (1834–1919) auf seinen Zeichnungen ein wenig nachgeholfen hat, um besonders deutlich zu machen, dass auch frühe menschliche Embryonen in einer kurzen Zeit während ihrer Entwicklung Kiemenspalten entwickeln, was daran erinnert, dass wir letztlich von den Fischen abstammen; aber im Großen und Ganzen scheint das Haeckel'sche Konzept zu halten. Diesem Gedanken

93 De Loache et al., 2011

94 Kellert und Wilson, 1993

1 Eine hellblaue, eine braune Iris: Enzi kann nicht verbergen, dass einer seiner Vorfahren ein Husky war.

2 Der Autor mit vier Hunden des Wolfsforschungszentrums in Ernstbrunn, Enzi (li.), Panya (weiß, im Vordergrund), Pepeo (braun) und Laila (schwarz). Sie werden gleich aufgezogen und gehalten

wie die Wölfe des Zentrums. Der Unterschied zwischen Hunden und Wölfen zeigt sich bereits in der Begrüßung: immer stürmisch durch die Hunde, immer gemessen-freundlich durch die Wölfe.

3 Der Wolfsrüde Geronimo (re.) begrüßt die Eurasierhündin des Autors, Bolita, die alle Wölfe und Hunde des Wolfsforschungszentrums mit aufgezogen hat.

4 Die Mischlingshunde des Wolfsforschungszentrums Imara (li.) und Hiari mit beschwörendem Blick in Richtung Trainerin: Lass uns doch endlich was zusammen tun!

5 Typisch Hund: Layla, Panya und Pepeo (von vorne) in voller Konzentration auf ihre Trainerin.

6 Gemeinsam laufen ist höchst wichtig für Hunde (li. Hiari, re. Imara), Wölfe und auch Menschen.

7 Auch typisch Hund: Die Eurasierhündin Bolita, Sozial- und Arbeitsgefährtin des Autors, wachsam auf Ausguck.

8 Trainerin Katharina Kriegler und Timberwölfin Una, ganz synchron überrascht.

10 Nochmals typisch Hund: die Mischlingshunde des Wolfsforschungszentrums Kilio (re.) und Maisha beim intensiven Erkunden des Teichufers.

11 Einer der Welpen der Eurasierhündin Bolita. Hundewelpen kommen schon früh in Kontakt mit den Dingen der Menschen. Ihr Gehirn ist viel geeigneter als das von Wolfswelpen, sich daran anzupassen.

12 Binti in jener Aufmerksamkeitspose, die meist darauf schließen lässt, dass ein relevanter Mensch beobachtet wird.

13 Panya, ausnahmsweise verunsichert. Die Augen weit offen, Zunge zwischen den Lippen: Sensible Menschen erkennen auch ohne besondere Vorbildung, dass dieser Hund gerade nicht so gut drauf ist.

14 Pepeo führt die Meute bei der lustvollen Hetzjagd durch ihr großes Gehege am Wolfsforschungszentrum.

15 Trainerin Laura und Hündin Layla blicken einander freundlich in die Augen. Das sorgt für Wohlgefühl auf beiden Seiten, weil das soziale Gehirn von Menschen und Hunden nahezu identisch funktioniert.

16 Typisch Hund-Mensch: Trainerin Laura und Asali in gemeinsamer Aktion ...

17 ... und ebenfalls typisch Hund-Mensch: Laura versucht Banzai verständlich zu machen, was sie von ihm will und er konzentriert sich darauf, sie zu verstehen.

18 Wissenschaft kann auch Spaß machen, vor allem wenn es sich um einen gemeinsamen Spaziergang handelt: Dissertantin Kim Kortekaas filmt Trainerin Christina Mayer mit Hakima an der Leine.

19 Maisha (li.) und Binti erwarten in gespannter Aufmerksamkeit den Besuch der Trainerin …

20 Binti (li.) und Maisha versuchen die ihnen von Friederike Range gestellte Kooperationsaufgabe zu lösen, allerdings ohne viel Erfolg. Wölfe sind darin besser.

21 … um Cindy Voigt dann stürmisch und mit viel Hundespeichel zu begrüßen.

22 Bolita als artgerechte Bezugsperson für den etwa acht Wochen alten Wolfswelpen Nanuk.

folgend, öffnet das dominierende Interesse von Kleinst- und Kleinkindern an Tieren ein Fenster in die evolutionäre Vergangenheit des Menschen. Tiere müssen in der Frühentwicklung des *Homo sapiens* – also über die letzten zwei Millionen Jahre – schon überaus wichtig gewesen sein, wenn sie einen derartig starken Fußabdruck in der frühkindlichen Psyche hinterließen. Und wie auch aus der Entwicklung der mentalen Repräsentationen vom Kleinkind- bis ins Erwachsenenalter bekannt ist, ist die Beziehung zu Tieren und Natur in vielfältiger Weise wichtig für ein glückliches, balanciertes Leben als erwachsener Mensch.[95] Das kann auch aus den mannigfachen, meist positiven Wirkungen auf Wohlbefinden und Gesundheit geschlossen werden, die in vorherigen Kapiteln bereits beleuchtet wurden.

Die „Physis der menschlichen Psyche" – also unsere angeborene Erwartungshaltung, wie eine Umwelt beschaffen sein muss, die ein erfülltes, glückliches Leben ermöglicht – machte den gesellschaftlich-kulturellen Wandel der letzten paar tausend Jahre, geschweige denn den der letzten hundert Jahre, nicht wirklich mit. Neben dem Tier- und Naturbezug wandelten sich Lebensweise, religiöse Vorstellungen und Sozialbeziehungen. Menschen finden sich heute in exponentiell komplexer, schneller und unverständlicher werdenden Gesellschaften wieder. Der Informationsflut ausgeliefert, wird dieses Leben von vielen als immer bedrohlicher und angstauslösender empfunden. Die Folgen sind die typischen psychischen Probleme, darunter Essstörungen, Depressionen und ein Überhandnehmen von Furcht und Ängsten.

95 Kellert, 1985; Kellert und Wilson, 1993; Urquiza-Haas und Kotrschal, 2015

Tier- und Naturkontakt scheint gut dagegen zu puffern. Kumpantiere, vor allem Hunde, können zur sicheren Basis und Zuflucht zum Aufladen der menschlichen Batterien werden, als Anker unserer Psyche in etwas Wesentlichem. Gerade Hunde können zwischen unseren steinzeitlichen Gehirnen und den Anforderungen moderner Gesellschaften vermitteln und damit die Resilienz, also die Widerstandsfähigkeit der Menschen, erhöhen. Daher nimmt die soziale Bedeutung der Hunde stetig zu, in einem Spektrum, das von der effizienten Arbeitspartnerschaft bis hin zum Kind-Ersatz reicht.

Es liegt in der Natur des Menschen, mit Tieren leben zu wollen. Fast könnte man annehmen, die Biophilie habe sogar dazu beigetragen, Menschen mit Wölfen zusammenzubringen. Im jahrtausendelangen gemeinsamen Leben entstand dann das Hybridwesen Hund – immer noch ein wenig Wolf, aber schon erstaunlich viel Mensch: maßgeschneidert, um unsere biophilen Bedürfnisse zu erfüllen.

Warum wir mit Hunden wirklich sozial sein können

Schön und gut, könnte ein Einwand kommen, aber was können die armen Hunde dafür, als Adressaten unserer sozialen und psychischen Bedürfnisse herhalten zu müssen? Vermenschlichen wir damit diese Tiere nicht, etwa indem wir ihnen mit menschlicher Empathie begegnen, mit menschlichen Vorstellungen von Zusammenleben, von Gerechtigkeit und Moral? Oder indem wir ihnen auf Basis der eigenen Erfahrung typisch menschlich-mentale Fähigkeiten zubilligen?

Mag schon sein. Aber können wir anders? Ein breiter Überblick über die wissenschaftliche Literatur zur menschlichen Neigung, alles und vor allem Tiere zu vermenschlichen, zeigt, dass wir über ein reiches Inventar unbewusster und bewusster Mechanismen im Gehirn verfügen, um uns die Welt anzueignen.[96] Vorteil dieser Fähigkeit ist, den Umgang mit den relevanten Dingen der Welt für uns vorhersagbar zu machen, was das Überleben und den Vermehrungserfolg begünstigt. Wenn nun das typische Vermenschlichen von Tieren zu einer besseren Vorhersagbarkeit ihres Verhaltens führt, kann die Annahme nicht ganz danebenliegen, dass andere Tiere das ähnlich machen. Menschen vermenschlichen Hunde. Verhundlichen Hunde uns Menschen? Mag sein. Jedenfalls funktionieren die sozialen Gehirne von Menschen und Hunden erstaunlich ähnlich.

Viele Mechanismen und Strukturen des Gehirns, der Physiologie und des Verhaltens ähneln einander bei Menschen und anderen Tieren wie die sprichwörtlichen Eier, allerdings verpackt in unterschiedliche Schachteln. Vor allem aufgrund der gemeinsamen stammesgeschichtlichen Vergangenheit gibt es teils unglaubliche Übereinstimmungen in jenen Systemen, die das Sozialverhalten steuern und kontrollieren.[97] Dazu zählen Prinzipien, wie Verhalten aufgebaut ist, einschließlich des Ausdrucks der Emotionen, ja, selbst die Grundemotionssysteme im Gehirn. Daran angedockt sind die Stresssysteme, die über hunderte Jahrmillionen Entwicklungsgeschichte in ihren Strukturen und Mechanismen identisch geblieben sind, oder die Art, wie es zu einer

96 Urquiza-Haas und Kotrschal, 2015

97 Kotrschal, 2014

Differenzierung in unterschiedliche Persönlichkeiten bei verschiedenen Tierarten kommt.

Die zentrale Steuereinheit des sozialen und sexuellen Verhaltens blieb vom Fisch bis zum Menschen buchstäblich gleich. Der 2014 viel zu jung verstorbene US-amerikanische Biologe James Goodson beschrieb vor ein paar Jahren das sogenannte „soziale Netzwerk" in Zwischenhirn und vorderem Hirnstamm, also der tiefen und alten Teile des Wirbeltiergehirns: Das damit eng verbundene, sogenannte mesolimbische Belohnungssystem motiviert dazu, „anstrengende" Dinge zu tun wie nett zu sein, selbst wenn es sich gerade nicht danach anfühlt, oder auch Sex zu haben. Anatomisch unverändert arbeiten die beiden Systeme bereits seit 500 Millionen Jahren zusammen, also nahezu über die gesamte Stammesgeschichte der Wirbeltiere, und steuern vom Fisch bis zum Menschen die ständig „aus dem Bauch heraus" zu treffenden Entscheidungen.[98] Dieses Netzwerk trägt zwar den eher instinktiven Teil zur Entscheidungsfindung bei, es beeinflusst aber auch stark unsere rationalen Abwägungs-, Reflexions- und Diskursprozesse, etwa indem es beeinflusst, womit sich der rationale Denkapparat beschäftigt und in welcher Gestimmtheit er das tut.

Die heute in Harvard lehrende Biologin Lauren O'Connell und ihr Kollege Hans Hofmann von der Universität Texas fanden 2011 in einer vergleichenden Studie „von Fisch bis Säugetier", dass parallel zur Struktur des sozialen Netzwerks im Gehirn auch die Gene und die Botenstoffe, für die sie kodieren, wie das Sozialhormon Oxytocin, in seiner Struktur und Funktion extrem konservativ erhalten

98 Goodson, 2005

wurden, also sich weniger als in anderen Teilen des Körpers seit dem Erdaltertum Genmutationen festsetzen konnten.[99] Wir teilen es also nicht nur mit unseren Hunden, sondern mit dem gesamten Stammbaum der kiefertragenden Wirbeltiere. Das soziale Netzwerk dirigiert mittels Steroid- und Peptidhormonen das Sozialverhalten, die Reproduktion, das Bindungsverhalten, die soziale Aggression und die elterliche Fürsorge. Unterstützt wird es vom Affektsystem, dem die Bewertung der Reize und Situationen zugeschrieben wird, die, von den Sinnesorganen wahrgenommen, ins Gehirn gelangen.

Wir werden über Signalwege, die mittels des Neurotransmitters Dopamin funktionieren, mit einem guten Gefühl belohnt, wenn wir sozial verträgliche Entscheidungen treffen; dabei haben Ratio und Logik nur wenig mitzumischen. Die alten Systeme aktivieren elterliche und geschlechtliche Liebe, aber auch unsere Suchtsysteme, wenn die Balance nicht stimmt. Wahrscheinlich ist das Suchtsystem mit all seiner Anfälligkeit für Fehlpolung auf Arbeit, Alkohol, Konsum oder Spiel sogar in Zusammenhang mit Liebe und Fürsorge entstanden. Diese Suchtanfälligkeit teilen wir mit den Hunden. Weil sie nur selten an Alkohol herankommen, werden Hunde zwar seltener alkoholabhängig als Menschen, können aber durchaus zum Beispiel süchtig danach werden, Bällchen zu holen.

Gilt das soziale Netzwerk als Zentrale für den instinktiven Anteil an der sozialen Entscheidungsfindung, so kontrolliert der präfrontale Kortex, also das Stirnhirn, rationale Entscheidungen und bildet Konzepte über die Welt. Es sorgt

99 O'Connell und Hofmann, 2011

für sozial angemessenes Verhalten durch die Fähigkeit der Impulskontrolle, durch ein gutes soziales Gedächtnis und situationsangepasste Flexibilität. Es bewertet zudem ununterbrochen alles, womit wir zu tun haben, basierend auf schon vorhandenen mentalen Repräsentationen: bereits gespeicherten Informationen über Vorerfahrungen und emotionale Färbungen bestimmter Situationen, Personen oder Objekte. An sämtlichen Entscheidungen, die Säugetiere treffen, ist das Stirnhirn zentral beteiligt, auch wenn es stets eng mit dem stammesgeschichtlich alten sozialen Netzwerk zusammenarbeitet.

Wir teilen das Stirnhirn in seinen Funktionen zumindest mit anderen Säugetieren. Natürlich auch mit Hunden, deren Anpassung an uns sich vor allem im Gehirn vollzog.[100] Daher ist auch anzunehmen, dass das Stirnhirn der Hunde dem der Menschen ähnlicher ist als das der Wölfe. Das ist der Grund, weshalb wir nicht nur mit Menschen, sondern auch mit anderen Tieren soziale Bindungen eingehen und auf Gegenseitigkeit beruhende soziale Beziehungen führen können.

Die stammesgeschichtlichen Parallelen, die das Sozialleben zwischen den Arten ermöglichen, schließen eine ganze Palette an Grundemotionen mit ein. Der US-amerikanische vergleichende Psychologe Jaak Panksepp konnte zeigen, dass zumindest Säugetiere und Vögel acht Grundemotionen teilen, die identischen Hirnmechanismen und -strukturen entspringen, mit zwischenartlich ganz ähnlichen Funktionen. Es sind dies das Interessesystem, Liebe/Bindung, das Fürsorgesystem, Spiel, sexuelle Lust, Aggression, Furcht/

100 Axelsson et al., 2013

Angst und soziale Panik.[101] Mit Hunden teilen wir sie eins zu eins.

Wir teilen mit Hunden und anderen Säugetieren aber nicht nur die grundlegenden Emotionssysteme, sondern auch das Prinzip, wie die innere Gestimmtheit mittels Körpersprache und Mimik kommuniziert wird. Wie das Gegenüber – gleich ob Mensch oder Hund – „drauf" ist, fröhlich oder eher niedergeschlagen, kann man gewöhnlich gut erkennen. Damit aber nicht genug: Die Stimmung des Gegenübers wirkt auch ansteckend. Und zwar nicht, indem der Verstand uns mitteilt, wie sich der Andere fühlt, sondern durch ein System sogenannter Spiegelneurone, die für eine reflexartige Umsetzung der beobachteten Emotionen in die eigene Gestimmtheit sorgen. Eine fröhliche Freundesrunde steckt emotional daher ebenso an wie ein freundlicher Hund, denn Spiegelneurone funktionieren nicht nur zwischen Artgenossen, sondern auch zwischen den Sozialpartnern Mensch und Hund, ja sogar dann, wenn Menschen Roboter beobachten.[102]

Was Furcht und Angst angeht: Seit ihrer Entstehung vor etlichen hundert Millionen Jahren konnten so gut wie alle beweglichen Organismen ungünstigen Bedingungen ausweichen und in günstigen verweilen. Daraus entwickelten sich mit der Zeit nicht nur fast alle Grundemotionen der Wirbeltiere, sondern auch die Stresssysteme, die gleichsam als Schnittstelle zwischen Gehirn und Verhalten fungieren. Wird es ungemütlich, zum Beispiel weil die Hundebesitzerin böse ist auf ihren Hund, wird im Gehirn die Amygdala, also der Mandelkern, aktiv. Es entsteht ein Gefühl des

101 Panksepp, 2005

102 Urquiza-Haas und Kotrschal, 2015

Unwohlseins und der Angst. Gleichzeitig werden die Stresssysteme aktiviert, die dem Individuum helfen, mit stressigen Situationen zurechtzukommen (und die deshalb wie schon erwähnt eigentlich eher Antistress-Systeme heißen sollten). Rasch wird Adrenalin ausgeschüttet, in der „Alarmreaktion" steigen Herzschlagrate und Blutdruck. In den folgenden Sekunden und Minuten wird Kortisol an das Blut abgegeben, der Blutzucker steigt, alle weniger wichtigen Vorgänge im Körper werden gehemmt, auch die Belohnungssysteme. Es wird auf einfaches Denken und Entscheiden umgeschaltet, Körper und Geist werden auf Flucht, Kampf oder andere Taktiken eingestellt, um eine ungünstige oder gefährliche Situation zu bewältigen.

In angenehmer Umgebung, besonders in netten Situationen mit sozialen Partnern, Menschen oder Hunden, funktionieren Gehirn und Körper in einem völlig anderen Modus. Im Gehirn wird eine der wichtigsten Verwaltungsinstanzen für soziales Glück aktiv, der sogenannte *Nucleus caudatus*, und es wird das Bindungshormon Oxytocin ausgeschüttet. Dies hemmt die Stresssysteme, die Belohnungssysteme springen an. Das Individuum wird auf ruhiges Verweilen eingestellt, komplexes Denken und Entscheiden wird unterstützt. Besonders wirkungsvoll ist angenehme körperliche Berührung: Sie aktiviert Nervenenden in der Haut, was ebenfalls zur Ausschüttung von Oxytocin führt. Tatsächlich werden Hunde lieber gestreichelt als verbal gelobt[103] – wobei in Trainingssituationen für den Arbeitserfolg Futterbelohnung noch wirksamer war als Streicheln oder Loben.[104]

---

103 Feuerbach und Wynne, 2015

104 Fukuzawa und Hayashi, 2013

Der amerikanische Hirnforscher Gregory Berns von der Emory University trainierte erstmals Hunde für die „Röhre", den funktionalen Magnetresonanztomographen (fMRI), mit dem Gehirnscans durchgeführt werden. Die Voraussetzung dafür, dynamische Bilder vom aktiven Gehirn zu bekommen, ist, dass die Hunde absolut still liegen bleiben.

Dabei zeigte sich, dass genau wie bei Menschen der *Nucleus caudatus* der Hunde bei angenehmen sozialen Reizen aktiv wird, etwa wenn sie den Geruch eines zweiten Hundes im Haushalt oder gar der Halterin wahrnehmen, Futter riechen, oder die Halterin zurückkehrt.[105] Diese Studie zeigt, dass wir sogar die Gehirnfunktionen der Liebe mit Hunden teilen; sie wirbelte deshalb einigen Staub auf. Wirklich verwunderlich ist das Ergebnis aber wohl nur für Leute, die immer noch an einen prinzipiellen Unterschied zwischen Mensch und Tier glauben.

So funktioniert das Sozialleben bei Menschen und Hunden über ganz ähnliche soziale Gehirne. Emotionen, Denken und Entscheiden funktionieren sogar weitgehend identisch, wie sich ja auch die physiologischen Mechanismen des Körpers, die grundlegenden Funktionsweisen des Gehirns von Menschen und anderen Tieren kaum unterscheiden. Der in Wien geborene US-amerikanische Nobelpreisträger Eric Kandel fand an der Meeresschnecke *Aplysia* jene Grundregeln des Lernens, die auch ständig in Menschen- und Hundehirnen ablaufen. Ähnlich wie Menschen lernen Hunde mit zunehmendem Alter langsamer und machen mehr Fehler, wobei manche im Alter besser darin werden, logische Aufgaben zu lösen. Das

---

105 Berns et al., 2013

Langzeitgedächtnis verschlechtert sich mit zunehmendem Alter aber nicht.[106]

Heute herrscht in den Naturwissenschaften weitgehende Einigkeit darüber, dass alle komplexeren Tiere Persönlichkeit haben, ja sogar Insekten und Spinnen.[107] Individuen so ziemlich aller Arten unterscheiden sich am meisten darin, wie forsch oder zurückhaltend sie über längere Zeiträume und in den unterschiedlichsten Zusammenhängen reagieren. In der Literatur finden sich für diese wichtigste Dimension der innerartlichen Variabilität von Persönlichkeit auch die Begriffspaare „bold-shy" (Englisch für „forsch-zurückhaltend") oder „proaktiv-reaktiv". So reagieren eher forsche Persönlichkeiten auf Herausforderungen rasch und proaktiv, also unter Umständen sogar schon, bevor wirklich etwas passiert, durchaus auch aggressiv, laut und extrovertiert. Sie neigen dazu, dominant aufzutreten, eignen sich Wissen und neue Kenntnisse rasch, aber eher oberflächlich an, bilden gerne Routinen, lernen jedoch nicht so einfach um, wenn sie einmal Routinen gebildet haben, und können Niederlagen aller Art nicht leicht wegstecken.

Zurückhaltende Individuen verhalten sich in diesen Wesenszügen wie die Antipoden der forschen. Auch die Stressreaktionen laufen bei Forschen und Zurückhaltenden unterschiedlich ab. Sind Erstere rasch erregt, gewöhnlich aber auch rasch wieder beruhigt, neigen Zweitere bei Herausforderungen eher dazu, ihre Stresshormone für relativ lange Zeit zu aktivieren.[108]

---

106 Wallis et al., 2016

107 Kotrschal, 2014

108 Koolhaas et al., 2011

Die gleichartigen Muster der Variabilität von Persönlichkeit und Temperamenten bei Menschen, Hunden und anderen Tieren machen soziale Beziehungen zwischen verschiedenen Arten einfacher. Natürlich sollten die Hunde zu den Menschen passen und umgekehrt. Ein extrem lebhafter Hund mag für menschliche Couch-Potatoes, also eher wenig aktive Menschen, physisch gesund sein, wird sie aber mit einiger Sicherheit an den Rand des Wahnsinns treiben. Selbst wenn die Ausprägung von Wesen und Persönlichkeit bei Hunden stark mit der Persönlichkeit und dem Interaktionsstil der menschlichen Bezugsperson zusammenhängt, bringen Hunde die in ihren Genen schlummernden und in der frühen Welpenentwicklung erweckten Wesensmerkmale natürlich mit in die Partnerschaft.[109]

Die wahrscheinlich umfangreichste Untersuchung zur Ausprägung der Persönlichkeit bei Hunden stammt von Kenth Svartberg von der Universität Stockholm in Schweden und Bjorn Forkman von der Universität Fredriksberg in Dänemark. Sie analysierten die Ergebnisse von standardisierten Wesenstests an mehr als 15 000 Hunden.[110] Diesen Tests liegt die Annahme zugrunde, dass die Reaktion von Hunden in Standardsituationen Rückschlüsse auf ihr generelles Wesen und ihr Verhalten im Alltag zulässt. In manchen Studien dürfen Hunde neue Gegenstände untersuchen, in anderen werden sie mit aufgespannten Regenschirmen oder scheppernden Topfdeckeln erschreckt, oder es sausen knapp vor ihrer Nase Jogger, Radfahrerinnen oder andere Hunde vorbei.

109 Kotrschal et al. 2009; Kotrschal, 2014

110 Svartberg und Forkman, 2002

Svartberg und Forkman fanden fünf Dimensionen der Persönlichkeit bei Hunden. Gereiht nach Wichtigkeit sind dies die Bereitschaft zu spielen, Neugierde bzw. Furchtlosigkeit, die Bereitschaft, einem Bällchen nachzujagen, die Bereitwilligkeit für soziale Kontakte sowie Aggressionsbereitschaft. Jeder Hund kann in diesen fünf Wesensdimensionen ganz unterschiedlich positioniert sein. Schließlich kondensierten die Autoren mittels statistischer Methoden die fünf Dimensionen auf eine einzige: die bereits bekannte Dimension forsch–zurückhaltend.

Wurden die standardisierten Tests mit einzelnen Hunden im Abstand von einem Jahr wiederholt, war das Ergebnis im Wesentlichen sehr ähnlich. Die Persönlichkeit der Hunde blieb also relativ stabil. Wurden dieselben Hunde am selben Tag noch einmal getestet, und zwar mit einem anderen Hundeführer, gab es allerdings kaum Übereinstimmungen.[111] Hunde sind eben doch keine Automaten und stellen ihr Verhalten stark auf die Person am anderen Ende der Leine ein. Außerdem haben sie ja im ersten Test gelernt und mögen sich über dessen Wiederholung wundern. Das zeigt unter anderem, wie vorsichtig man bei der Interpretation der immer beliebter werdenden Wesenstests sein muss.

Die kamen in den letzten Jahren beispielsweise bei Behörden vor allem in Deutschland, aber auch bei diversen Zuchtverbänden in Mode, in dem Bestreben, sichere und „gesellschaftstaugliche" Hunde zu erkennen. Mit weit reichenden Konsequenzen, bis hin zu einem Rückgang der Anzahl als aggressiv eingestufter Hunde. Nicht alle wissenschaftlichen Ergebnisse aber stützen die Sinnhaftigkeit

111 Svartberg et al., 2005

solcher von allen möglichen Leuten unter wenig standardisierten Bedingungen durchgeführten Tests, etwa wenn es darum geht, aus der Reaktion von Welpen Rückschlüsse auf das Verhalten erwachsener Hunde zu ziehen, oder wenn es um die Wiederholbarkeit der Testergebnisse geht. Übereifrigen Behörden und Zuchtverbänden sei also ins Stammbuch geschrieben, dass Wesenstests unter den kontrollierten Bedingungen der Grundlagenforschung wichtige Verfahren sein können, aber als einfache Husch-pfusch-Tests, durchgeführt von nicht speziell geschulten Personen, als Basis für Entscheidungen mit Konsequenzen für Hunde und ihre Menschen ungeeignet sind.

5

ES WAR EINMAL IN DER ALTSTEINZEIT … WIE WOLF UND MENSCH ZUSAMMENKAMEN

Es lässt sich trefflich darüber streiten, warum vor etwa 35 000 Jahren Wölfe und Menschen im Westen Eurasiens eine erste Partnerschaft eingingen. Waren es spirituelle Gründe? Oder eine Kooperation bei der Mammutjagd? Oder beides? Was immer der Grund gewesen sein mag – es war sicherlich eine Partnerschaft auf Augenhöhe. Die meisten unserer heutigen Hunde gehen freilich auf die Domestikation vor etwa 17 000 Jahren in Südostasien zurück.

Eines der für mich aufregendsten Rätsel der Menschheitsgeschichte ist die Frage, wann, wie und warum sich Wölfe und Menschen einst zusammentaten. Die Frage nach dem Wann ist mittlerweile durch die neuen Ergebnisse der hochauflösenden Genetik und der Archäologie ziemlich klar zu beantworten: kurz nach dem Auftauchen unserer aus Afrika kommenden *Homo-sapiens*-Vorfahren in Europa und Asien vor etwa 40 000 Jahren, denn Wolfs- und Hundegenome haben sich offenbar bereits vor etwa 35 000 Jahren getrennt.[112] Seit jenen

112 Druzhkova et al., 2013; Gerompre et al., 2012; Guo-Dong Wang et al., 2016; Pilot et al., 2015; Skoglund et al., 2015; Thalmann et al., 2013

fernen Tagen entwickelten sich alle menschlichen Kulturen im Beisein und unter Mitwirkung von Hunden; die heutigen Hunde unterscheiden sich genetisch erheblich von Wölfen.[113]

Umgekehrt lässt sich leider kaum abschätzen, wie sich dieses lange Zusammenleben mit Wolf bzw. Hund auf die Genetik der modernen Menschen ausgewirkt hat. Romantische Gemüter gehen von einer Koevolution aus, dass also das Leben mit den Hundepartnern deutliche Spuren auch in unseren Genen hinterlassen haben müsste[114] – eine zumindest im Moment noch untestbare Hypothese. Es fehlt schlicht eine passende Kontrollgruppe: In den letzten 35 000 Jahren gab es keine einzige Menschengruppe, die lange ohne Hund gelebt hätte! Vielleicht mit Ausnahme der Aborigines, deren Vorfahren vor etwa 40 000 Jahren Australien ohne Wölfe oder Hunde erreichten. Hunde in Form von Dingos besiedelten den Kontinent erst vor etwas mehr als 3 000 Jahren, wahrscheinlich im Schlepptau von Leuten, die von Südostasien aus mit Aborigines Handel trieben. Sobald die Dingos gelandet waren, begann die australische Bevölkerung sie intensiv in ihre Lebensweise und Spiritualität einzubeziehen.[115] So sind also auch die australischen Ureinwohner keine geeignete hundefreie Vergleichsgruppe, wollte man die Wirkung des langen Zusammenlebens mit Hunden auf das menschliche Genom erforschen.

Seit etwa 15 000 Jahren passten sich Menschen und deren Hunde parallel an die Bedingungen der Sesshaftigkeit an. Bei beiden verbesserte sich beispielsweise mit der

---

113 Parker et al., 2004; Axelsson et al., 2013

114 Schleidt und Shalter, 2003

115 Balme und O'Connor, 2015

Entwicklung von Ackerbau und Viehzucht die Fähigkeit, Stärke[116] und Milchprodukte zu verdauen. Es handelt sich hier jedoch lediglich um die gleichzeitige Anpassung an bestimmte Nahrungsmittel. Im Fall einer echten Koevolution hätte es direkte ursächliche Auswirkungen des Zusammenlebens auf das Genom des jeweils anderen geben müssen.

Genau dies trifft auf Hunde zu: Sie sind, wie ich in Kapitel 3 ausgeführt habe, bezogener auf Menschen als Wölfe, was klar als Beleg für einen entsprechenden Selektionsdruck gewertet werden kann. Für die Menschen ist dies aus den gerade geschilderten Gründen nicht feststellbar. Ich halte es nicht für sehr wahrscheinlich, dass Hunde bei Menschen genetische Fußabdrücke hinterlassen haben. Jedenfalls seit dem Sesshaftwerden, wahrscheinlich aber auch schon zuvor, waren die Menschen in der Partnerschaft mit Hunden die dominanten Masterminds, was für eine Anpassung der Hunde an uns spricht, nicht aber umgekehrt. Hunde, die in den Augen ihrer jeweiligen Menschen schlecht „funktionierten" oder Probleme verursachten, schafften es weniger als die „guten" Hunde, ihre Gene an nachfolgende Generationen weiterzugeben. Für Hunde war es über die Jahrtausende also immer wichtiger, die Menschen richtig zu deuten, als umgekehrt.

Wolf und Mensch: Spiritualität? Gemeinsame Jagd? Beides?

Die dominierende Rolle der Menschen mag in den ersten 20 000 Jahren des Zusammenlebens von Jägern und

116 Axelsson et al., 2013

Sammlern mit ihren wolfsähnlichen Hunden noch gefehlt haben – eine Vermutung, die sich durch neue Ideen untermauern lässt, wie Menschen und Wölfe vor 40 000 bis 35 000 Jahren zusammengekommen sein mögen. Im wörtlichen Sinne war die Anziehung zwischen beiden in mancherlei Weise „magisch", besonders was die Menschen betrifft. Die damaligen Jäger und Sammler glaubten an die Beseeltheit der Natur und lebten in animistischen Gesellschaften. Wahrscheinlich spielten auch totemistische Vorstellungen eine wichtige Rolle, was bedeutet, dass die Menschen ihren Ursprung mythologisch mit Tieren in Zusammenhang brachten. Sie dürften an die Abstammung von Tieren oder die Verwandtschaft mit ihnen geglaubt haben. Diese Leute fühlten sich Tieren nicht überlegen, sondern suchten auf spirituellem Weg die Kooperation des Jagdwildes zu erreichen. Sie lebten in einem alles durchdringenden Bewusstsein, durch das Verletzen von Regeln und Tabus Geistwesen zu verärgern – die der toten Großmutter ebenso wie der erlegten Tiere, mit entsprechenden Folgen von Verletzung oder Krankheit. So denken jedenfalls die bis ins letzte Jahrhundert überlebt habenden Jäger-und-Sammler-Kulturen, und es gibt wenig Anlass zu glauben, dass dies vor 35 000 Jahren völlig anders war.

Um ein reibungsloses Zusammenleben mit der Welt der Geister kümmerten sich Schamanen. Als Folge eines „Beziehungsschadens" zu den Geistern verletzte man sich oder erkrankte. Deshalb galt es, die Sache auf spirituellem Weg wieder einzurenken und die verstimmten Geistwesen versöhnlich zu stimmen. Schamanen sind also primär keine Heiler, die beispielsweise mit Kräutern versuchen, physiologisch direkt auf den Organismus einzuwirken. Es geht im

Grunde vielmehr darum, die Beziehung zu den Geistwesen möglichst harmonisch zu gestalten, um Schaden für die Menschen abzuwenden.

Wölfe dürften in diesen spirituellen Zusammenhängen neben den gejagten Tieren eine zentrale Rolle gespielt haben. Wahrscheinlich haben die Menschen in der Altsteinzeit ähnlich wie noch die Kulturen der nordamerikanischen Urbevölkerung in den letzten Jahrhunderten Wölfe kaum bejagt.[117] Wahrscheinlich fiel unseren sehr genau beobachtenden Vorfahren auch die große Ähnlichkeit der Lebensweise der Wölfe mit ihrer eigenen auf. Wie die nordamerikanischen Indianer mögen sie Wölfe als teils fürsorgliche Brüder und Schwestern betrachtet haben, von denen sie auch lernen konnten.[118] Als Indiz für eine spirituelle Komponente der frühen Beziehung zwischen Menschen und Wölfen mag gelten, dass sich Wolfs- und Hundegenom über Eurasien innerhalb weniger tausend Jahre mehrere Male trennten, es also mehrere Erstereignisse der Domestikation gegeben haben mag. Das lässt auf einen kulturellen Hintergrund für die Wolfsbeziehung über weite geographische Distanzen schließen. Außerdem spielen Wölfe in den spirituellen Vorstellungen von Menschen bis heute eine zentrale Rolle. Beispielsweise ist der Verwandlungsmythos um den Werwolf Gemeingut aller indogermanischen Völker und zählt zu den ältesten Mythen der Menschheit.[119]

Diese spirituellen Verflechtungen schließen natürlich nicht aus, dass das Zusammengehen für beide Seiten auch handfeste ökologische Vorteile bot. So sind menschliche

117 Ulmer, 2010

118 Fogg et al., 2015

119 Kotrschal, 2012

Hinterlassenschaften, wie die Reste der Jagdbeute oder auch menschliche Exkremente, für Wölfe attraktiv. Es erscheint als seltsamer Zufall, dass gleichzeitig mit dem Entstehen der ersten Hunde vor etwa 35 000 Jahren auch die ersten Camps von Mammutjägern auftauchten. Diese Fäden führt die Anthropologin Pat Shipman von der Pennsylvania University zusammen. Mithilfe von Wölfen, die die Mammuts stellten, sei es für die Menschen einfacher gewesen, diese großen Tiere zu erlegen.[120] Sollte dies zutreffen, wäre das eine der wichtigsten Innovationen auf dem Weg zum modernen Menschen. Dies mag auch der entscheidende Konkurrenzvorteil des modernen Menschen gegenüber den gleichzeitig in Eurasien lebenden Neandertalern gewesen sein. Die waren weder derart komplexe „Symboltiere" wie der *Homo sapiens,* noch hatten sie, soweit wir wissen, eine Partnerschaft mit Wölfen. Völlig verschwunden sind die Neandertaler freilich nicht: Es hat offensichtlich gelegentlich engere Beziehungen mit ihnen gegeben, die deutliche Spuren in den Genomen des modernen Menschen hinterlassen haben, denn wir alle tragen mehrere Prozent Neandertalergene.

Für die Kooperationshypothese bei der Mammutjagd sprechen auch Ergebnisse des Teams um Hervé Bocherens an der Universität Göttingen.[121] Ausgrabungen nahe Předmostí in Tschechien förderten eine reiche, etwa 30 000 Jahre alte Säugetierfauna inklusive moderner Menschen, Hunde und Wölfe zutage. Aus Resten von Bindegewebe an Knochen gelang mittels Isotopen-Bestimmung der Nachweis, dass sich Menschen und Wölfe fast ausschließlich von Mammuts ernährten, die Hunde dagegen hauptsächlich von Pferden

120 Shipman, 2015

121 Bocherens et al., 2014

und Rentieren. Ein eigenartiger Befund, über den man lange spekulieren könnte. Widerspiegelt er die Jagdpartnerschaft zwischen Menschen und Wölfen – für Wölfe alleine wären Mammuts als Beute zu groß gewesen? Oder waren die Wölfe nur „Abstauber", profitierten also bloß von den Jagdüberresten der Menschen? Und warum bekamen die Hunde kaum ihren Anteil an Mammutfleisch? Jagten sie die Pferde und Rentiere selbst? Warum wurden diese von Menschen und Wölfen verschmäht? Warum setzten sich die Menschen dieser Zwischeneiszeit in den Kopf, sich ausgerechnet auf die Jagd des größten und wohl gefährlichsten aller möglichen Beutetiere zu spezialisieren? Hatte dies rein ökologische Gründe, oder gab es ein Gemenge aus spirituellen und ökologischen Motiven? War es für die Hunde tabu, Mammut zu fressen, so wie es bei den meisten Great-Plains-Indianern ein Tabu für Hunde gab, mit Bärenfell, Bärenknochen oder anderen Bärenteilen in Kontakt zu kommen? Keine dieser Fragen kann heute beantwortet werden. Dennoch waren die Nebel über der Frühgeschichte der Mensch-Wolf-Hunde-Beziehung schon einmal dichter.

Wolf und Mensch: Wie füreinander geschaffen

Warum die Menschen in der Altsteinzeit ausgerechnet eine Partnerschaft mit dem Wolf und nicht mit einem der vielen anderen Tiere in ihrer Umgebung eingingen, mag auch an ihrer ähnlichen Ökologie, Jagdtechnik und sozialen Organisation gelegen haben. Sowohl Menschen als auch Wölfe sind spezialisierte Laufjäger. Beide hetzen aber nicht einfach nur unter Einsatz ihrer Physis der Beute hinterher, bis diese zusammenbricht, sondern setzen ihr großes Hirn ein, um mit verteilten Rollen in der Gruppe zu jagen, kreativ effiziente Jagdtaktiken zu entwickeln und damit den Muskel- und Energieeinsatz effizienter zu gestalten. Menschen und Wölfe standen zwar ökologisch in Konkurrenz, waren aber ähnlich genug, um einander „aus dem Bauch" heraus zu verstehen. Auch was ihre sozialen Einstellungen betrifft, waren sie wie füreinander gemacht. Unsere altsteinzeitlichen Vorfahren hatten es nicht sehr mit allzu steilen Hierarchien, die entwickelten sich erst nach dem Sesshaftwerden. Wölfe wiederum leben, wie wir experimentell herausfanden, in weniger steilen Hierarchien als Hunde.

Konkret könnte das bedeuten, dass die Menschen nach der gemeinsamen Jagd die Beute mit den Wölfen als ihren Jagdpartnern geteilt haben, wie die Beute ja auch zwischen Menschen oder zwischen Wölfen aufgeteilt wird. Teilen erhält die Kooperationsbereitschaft und fördert den Zusammenhalt – nicht nur bei Menschen. Das könnte erklären, warum sich die Menschen und Wölfe von Předmostí nahezu ausschließlich von Mammuts ernährten.

Letztlich wird sowohl bei Menschen als auch Wölfen die ökologische Breite, also das Potenzial, große Teile der Umwelt zum eigenen Vorteil zu nutzen und zu managen, von der Kulturfähigkeit beider Arten unterstützt. So wurde es Menschen erst durch die Kulturtechnik des Einsatzes von Schlittenhunden möglich, dauerhaft nördlich des Polarkreises zu leben. Auch die eben diskutierte Jagdpartnerschaft wäre eine solche Kulturtechnik.

Wie Menschen auch, können Wölfe unterschiedliche Lebensstile entwickeln, die von manchen Fachleuten als unterschiedliche Kulturen bezeichnet werden. So verteidigen die Wölfe Nordamerikas in den borealen Wäldern Territorien und jagen große Pflanzenfresser wie Wapiti-Hirsche und Bisons. Etwa 30 Prozent dieser Wölfe sind schwarz, der Rest nach Wolfsart typisch graubraun. Andere, hell gefärbte Wölfe dagegen leben in dieser Region als Nomaden. Sie folgen den großen Rentierherden im Sommer über 2000 Kilometer in die nördlichen Tundren und ziehen im Winter mit ihnen südlich in die borealen Wälder.[122] Aufgrund dieser unterschiedlichen Kulturtraditionen haben sich die beiden Wolfspopulationen seit der letzten Eiszeit kaum vermischt. Blieben die südlichen, territorialen Wölfe Jäger im ursprünglichen Sinne, so entwickelten die nördlichen Nomaden eher einen hirtenähnlichen Lebensstil. Wie bei Menschen oder Schwertwalen auch erweitert bei Wölfen also die kulturelle Differenzierung das ökologische Potenzial und begünstigt damit auch die genetische Isolation.

Neben der Kulturfähigkeit und der Kooperation beim Jagen und Aufziehen von Nachwuchs gibt es weitere enge Übereinstimmungen, die ein wechselseitiges Verständnis, ein Zusammenpassen von Mensch und Wolf erlaubten. Wölfe und ursprüngliche Menschen sind sozial nahezu identisch organisiert.[123] Beide sind Kleingruppenwesen, die innerhalb ihrer Clans oder Rudel sehr eng und gut miteinander kooperieren, und zwar nicht indem sie aufeinander Druck ausüben, sondern vorwiegend aus Freude an der Zusammenarbeit. Kein Wunder, denn sowohl die Clans der Menschen als auch die Wolfsrudel sind in der Regel Familienverbände. Die Nachkommen eines Gründerpaares bleiben in der Gruppe, um den Eltern beim Jagen zu helfen, vor

122 Musiani et al., 2007

123 Kotrschal et al., 2012

allem aber beim Aufziehen der jüngeren Geschwister, der Nichten und Neffen. Früher brauchte es „ein ganzes Dorf", um Kinder großzuziehen; heute übernimmt die Gesellschaft in Form von Kindergärten und Schulen die soziale Funktion des Dorfes. Bei den Wölfen braucht es immer noch das Rudel.

Sowohl bei Wölfen als auch Menschen begeben sich schließlich manche der jüngeren Erwachsenen auf Wanderschaft, um in der Ferne einen Partner oder eine Partnerin und ein Auskommen zu finden, um einen neuen Clan zu gründen oder sich relativ mühsam und risikoreich in einen anderen Clan zu integrieren. Andere bleiben lebenslang zu Hause. Um Inzucht auf geringem Niveau zu halten, heirateten Frauen immer schon in benachbarte Clans ein, gingen Männer bei benachbarten Stämmen auf Brautschau oder raubten einfach deren Frauen. Wölfe scheinen in dieser Hinsicht sogar noch weniger flexibel als Menschen.

Homo sapiens teilt mit Wölfen die Neigung, Krieg gegen benachbarte Gruppen zu führen. Menschengehirne unterscheiden zwischen gruppenzugehörig und fremd; die Gruppen bleiben relativ geschlossen. Allerdings verfügen Menschen über die Möglichkeit, andere nicht nur zu töten, sondern auch Allianzen mit ihnen zu schmieden, oft gegen Dritte. Dennoch ist das Töten „der anderen" leider Teil des Wesens von Menschen und Wölfen, bei Letzteren sogar in ziemlich ausgeprägter Form. Auch darin wird gruppenintern als verschworene Gemeinschaft kooperiert. Nichts fördert den Zusammenhalt bei Wölfen und Menschen mehr als erheblicher Druck von außen. So fällt im amerikanischen Yellowstone-Park ein Gutteil der Wölfe Angriffen anderer Wolfsrudel zum Opfer, entweder in „Grenzscharmützeln" oder sogar bei gezielten Überfällen.

Für unsere altsteinzeitlichen Vorfahren gibt es Schätzungen, wonach der Blutzoll durch derartige Angriffe bei 30 Prozent lag.[124] Wahrscheinlich war *Homo sapiens* immer schon eine „Massaker-Art", auch weil sie im Gegensatz zu anderen Tieren das möglicherweise ökologisch begründete Töten der anderen ideologisch rechtfertigen und spirituell überhöhen kann. Freilich machen Wölfe keinen Unterschied zwischen Männchen und Weibchen ihrer „Feinde", während Menschen zwar gelegentlich neben Männern auch Kinder und Frauen töten, meist aber – wie Schimpansen – nur die Männer, während die Frauen geraubt werden.

Die Gemeinsamkeiten zwischen Menschen und Wölfen betreffen also das gesamte Dasein in all seinen sympathischen und weniger sympathischen Facetten. Dies betrifft auch die tief sitzende Unterscheidung zwischen „uns" und „den anderen". Handaufgezogene Wölfe beziehen „ihre" Menschen in ihr wölfisches Uns mit ein; für die beteiligten Menschen ist dies unausgesprochen ebenso. Es ist also nicht so schwierig, eine wirkliche soziale Gemeinschaft zwischen Menschen und Wölfen zu schaffen. Diese starke und in der Funktion der Gehirne verankerte Unterscheidung zwischen Dazugehören und Fremdsein erklärt auch das scheinbare Paradoxon, dass Hunde zwar durch Selektion auf Zahmheit aus Wölfen entstanden sind, dass sie in manchen Situationen aber viel aggressiver reagieren als Wölfe. Kein Wunder, waren Hunde doch zumindest seit dem Sesshaftwerden nicht nur Partner der Menschen auf der Jagd, sondern auch im Krieg – bis heute übrigens.

---

124 Schneider, 2014

Taten sich die Wölfe mit den Menschen zusammen oder umgekehrt?

Immer noch wird heftig darüber diskutiert, wie es vor weniger als 40 000 Jahren Menschen und Wölfe schafften, sich zusammenzutun, und ob der Mensch in dieser Partnerschaft von Anfang an derart dominiert hat, wie er es zweifellos in den letzten Jahrtausenden im Zusammenleben mit Hunden tat. Raymond Coppinger, einer der Top-Experten zu Arbeitshunden, vertritt die Auffassung, dass es die Wölfe waren, die sich mit Menschen assoziiert hätten, weil es in Menschennähe immer etwas zu holen gibt.[125] Dieses Szenario ist durchaus plausibel, was die Erstannäherung betrifft. Allerdings braucht es unserer Erfahrung aus der Arbeit mit Wölfen nach mehr als wenig scheue, „irgendwie“ an den Menschen gewöhnte Wölfe, um mit ihnen gezielt zusammenarbeiten zu können.

Wölfe kooperieren nur mit Individuen im Sozialverband. Und die einzige Möglichkeit, einen Sozialverband mit Wölfen herzustellen, ist die Handaufzucht der Welpen, und zwar ab einem Zeitpunkt, an dem deren Augen noch geschlossen sind. Nur dann entsteht das für die Kooperation nötige Grundvertrauen. Das fanden nicht nur wir am Wolfsforschungszentrum heraus, sondern auch die anderen Einrichtungen, die Wölfe von Hand aufziehen.

Das Konzept des Hundeforschers Ray Coppinger kann also nicht die ganze Geschichte sein. Wir müssen die Idee ergänzen und davon ausgehen, dass Menschenfrauen in ihrer Biophilie und einer durch Kindchenschema-Reize

---

125 Coppinger, z.B. 2015a

unterstützten Fürsorglichkeit Wolfswelpen gleichzeitig mit ihren eigenen Babys an der Brust aufzogen, wie es heute noch zuweilen mit Hundewelpen oder auch Schweinchen in Teilen Neuguineas oder Afrikas geschieht. Daraus resultiert eine starke Bindung zwischen Mensch und Wolf, und es ist vermutlich die einzige Möglichkeit, dass Wölfe menschliche Babys als Teil ihres Clans und nicht als Beute betrachten, wie es lediglich an Menschen gewöhnte Wölfe mit ziemlicher Sicherheit tun würden.[126]

Vor allem ist eine solch frühe Sozialisierung unserer Erfahrung mit Wölfen zufolge die einzig mögliche Erklärung dafür, wie Menschen auf der Jagd eng und gezielt mit Wölfen zusammenarbeiten konnten, und umgekehrt. Wie oft in der Wissenschaft scheint der Streit zwischen jenen, die an die Selbstannäherung der Wölfe glauben, und jenen, die wie Erik Zimen, Konrad Lorenz oder auch uns eine menschennahe Aufzucht für unvermeidlich halten, in einer Synthese zu enden: Wahrscheinlich waren beide Wege am Erstkontakt zwischen Menschen und Wölfen beteiligt, der schließlich in Kooperation mündete.

Bleibt die Frage, wie sich diese Erstbeziehungen konkret gestalteten. Dominierten unsere altsteinzeitlichen Vorfahren die Wölfe und kommandierten sie herum, oder war es eine sensible Partnerschaft auf Augenhöhe?

Ich halte ein reines Dominieren und Herumkommandieren schon deswegen für unwahrscheinlich, weil in allen uns heute bekannten Jäger-und-Sammler-Kulturen die Menschen innerhalb der Clans nicht nur miteinander respektvoll umgehen, sondern gewöhnlich auch mit Wildtieren. Dazu

126 Linnell et al., 2002

kommt, dass Wölfe auf jedes respektlose Verhalten wie Kommandieren, Herumschubsen oder gar physische Strafe mit sofortigem Widerstand reagieren. Permanentes Dominieren ruiniert die Beziehung zu Wölfen und ihre Kooperationsbereitschaft und führt irgendwann zu einer gefährlichen Auflehnung. Macho-Wolfshalter, die glauben, Teil des Rudels zu sein und den dominanten Alphawolf spielen zu müssen, erleben das immer wieder. Das kann bis hin zu Todesfällen führen, wie das Beispiel des schwedischen Zoos Kolmarden zeigt, wo handaufgezogene Wölfe so lange aggressiv dominiert wurden, bis das Rudel eines Tages eine der Pflegerinnen getötet hat.

Ein weiteres Argument gegen das Dominieren liefert eine unter Beteiligung von Ethnologinnen und Ethnologen indigener Abstammung verfasste Aufarbeitung der Beziehungsgeschichte der Great-Plains-Indianer mit Wölfen und Hunden, für die es in dieser Kultur übrigens keine getrennten Begriffe gibt.[127] In der Arbeit wurde anhand der Lebensweise und Mythen eindrucksvoll belegt, dass Wölfe als Brüder, Lehrer, Helfer und Partner gesehen wurden und werden. Während Hunde von manchen der untersuchten Ethnien in großer Not oder gelegentlich auch rituell getötet und verzehrt wurden, war dies bei Wölfen offenbar nie der Fall. Das kann als starkes Argument dafür gelten, dass die ersten Kooperationsversuche zwischen Menschen und assoziierten Wölfen eher auf Augenhöhe denn mittels Dominanz funktionierten.

Also doch keinerlei menschliche Dominanz? Die Wahrheit liegt wahrscheinlich in der Mitte. Handaufgezogene Wölfe akzeptieren gewöhnlich die Führerschaft von Menschen, genauso wie sie in ihren natürlichen Rudeln die

---

127 Fogg et al., 2015

Führerschaft ihrer Eltern anerkennen, ohne dass diese mit Gewalt durchgesetzt werden müsste. Das klappt, solange sich Menschen ähnlich respektvoll und auf Augenhöhe zu ihren sozialisierten Wölfen verhalten wie die Wolfseltern zu ihren Nachkommen.

Kooperation funktioniert bestens auf Basis von Freiwilligkeit und guter Beziehung. Dies erleben wir tagtäglich in Ernstbrunn mit unseren ruhig-verlässlichen Wolfspartnern. Jeglicher Versuch, die Wölfe zu dominieren und sie respektlos zu etwas zu zwingen, was sie nicht wollen, würde scheitern und Beziehung und Kooperationsbereitschaft beschädigen. Wie auch bei Hunden, die allerdings im Gegensatz zu Wölfen mit erheblichem Druck und Dominanz zurechtkommen können, sind Misstrauen, Angst und steile Dominanzbeziehungen keine geeigneten Zutaten für eine gelingende Partnerschaft. Dazu mehr in Kapitel 7.

Ich denke, dass wir unsere Erfahrungen in Ernstbrunn sehr gut und nahezu eins zu eins auf die ersten Kooperationsversuche zwischen Wölfen und Menschen in der Altsteinzeit übertragen können. Wir sind also nicht nur experimentelle Verhaltensbiologen, sondern auch experimentelle Archäologen. Als Mensch und Wolf dann einmal in Kontakt waren, blieben sie aneinander hängen, sonst gäbe es heute ja keine Hunde. Das Zusammenleben und die Anpassung an das Leben mit Menschen veränderte die Wölfe schließlich so stark, dass wir heute im Alltag kaum mehr daran denken, dass eigentlich ein Wolf in unserem Hund steckt, außer vielleicht bei jenen, die noch stark an Wölfe erinnern, wie Huskies oder Malamute.

Obwohl es dazu keine Daten gibt, scheint es zwei Gruppen von Hundemenschen zu geben: Eine Mehrheit mag sich der Abstammung ihres Pudels oder Golden Retrievers vom Wolf gar nicht vorstellen. Und selbst wenn man sich dessen bewusst sein mag, spielt das in der Beziehung zum Hund keine Rolle oder wird verdrängt, „weiß" man doch, dass Wölfe groß und schwarz, hinterhältig und aggressiv sind ... Eine Minderheit dagegen lebt ganz bewusst mit Hund, weil diese Tiere immer noch als Verkörperung des „edlen wilden" Wolfes gesehen werden. Ich muss zugeben, dass ich meine Hundebeziehungen 1978 als Vertreter der zweiten Kategorie begann. In der Zwischenzeit weiß ich, dass Wölfe ganz anders sind, als sie sich die meisten Leute vorstellen. Ein partnerschaftliches Leben mit sozialisierten Wölfen war offenbar in der Altsteinzeit möglich; heute klappt das, wenn überhaupt, nur mit großem Aufwand in einer für beide Seiten akzeptablen Weise. Die Kulturleistung unserer Vorfahren, in deren Gesellschaft Wölfe zu jenen Hunden wurden, mit denen sie tatsächlich gut und partnerschaftlich leben konnten, kann also gar nicht hoch genug eingeschätzt werden.

Wölfe, bald auch in etwas menschenvertrauterer Form, begleiteten also zunächst die altsteinzeitlichen Jäger und Sammlerinnen. Als vor etwa 15 000 Jahren in Südostasien Menschen sesshaft und zu Ackerbauern wurden, oder als sie später wahrscheinlich in der Region des fruchtbaren Halbmondes in Vorderasien begannen, mit ihrem Vieh umherzuziehen, passten sich die Wolfsabkömmlinge daran an und wurden im Lauf von Jahrtausenden zu jenen Hunden, die wir heute kennen. Wie das geschah, soll im Mittelpunkt des folgenden Kapitels stehen.

6

HUNDWERDUNG: DIE GEMEINSAME GESCHICHTE VON WOLF-HUND UND MENSCH

Über zwei Domestikationsschritte in Anpassung an ein Leben mit Menschen wurden Wölfe zu Hunden. Gemeinsam besiedelte man die Welt. Bis heute aber bleiben Wölfe und Hunde durch Genfluss miteinander verbunden. Und obwohl Hunde durch Selektion auf Zahmheit entstanden, können sie viel aggressiver sein als Wölfe. Das ist kein Widerspruch.
In 150 Jahren Zucht von reinrassigen Hunden machte menschliche Eitelkeit und Gier die Hunde mancher Rassen zu qualgezüchteten Krüppeln. Dennoch haben die Rassehunde ihren wichtigen Platz in der Gesellschaft.

Der Wolf wurde über mehrere Anläufe zum Hund, weit gestreut über Raum und Zeit. Es geschah also nicht alles auf einmal in der frühen Altsteinzeit. Vielmehr kam es über viele tausende Jahre von Westeuropa bis nach Südostasien immer wieder zu neuen Partnerschaften zwischen Menschen und Wölfen. Im Lichte der neuesten Ergebnisse der Genetik und der gefundenen Knochen ergibt sich aktuell folgendes Szenario: Die ersten Menschen in Form des *Homo erectus*, einer ursprünglicheren Art als der des *Homo sapiens*, zu dem auch wir heutigen Menschen zählen, verließen vor etwa 700 000 Jahren Afrika und verbreiteten sich über die Erde. Ihre letzten Nachfahren waren die Neandertaler, die in Gegenwart unserer eigenen *Homo-sapiens*-Vorfahren erst vor etwa 25 000 Jahren in Südspanien ausstarben. *Homo erectus* und Neandertaler waren sehr wahrscheinlich weniger symbolisch und spirituell orientiert als der moderne Mensch und lebten ziemlich sicher auch noch nicht in Nahebeziehung zum Wolf. Die begann erst mit der Auswanderung des *Homo sapiens* aus Afrika vor etwa 50 000 Jahren. Der moderne Mensch verbreitete sich über den Nahen Osten, zog von dort vor allem entlang der Küsten weiter ostwärts und drang schließlich ins kontinentale Eurasien vor. Unklar bleibt, ob er bereits in Afrika oder erst im Nahen Osten Wolfskontakt aufnahm. Gesichert aber ist, dass diese Menschen vor etwa 40 000 Jahren in Europa bis Zentralasien auf Wölfe trafen. Manche der Menschenclans gingen engere Beziehung mit Wölfen ein. Das führte vor 35 000 bis 30 000 Jahren zu ersten Trennungen des Wolfs- vom Hundegenom.[128]

Vor etwa 20 000 Jahren wanderten die Menschen in einer Eiszeit mit ihren Hunden von Ostsibirien aus über die Beringstraße nach Nordamerika ein. Durch die in Form von Eis gebundenen Wassermassen war der Meeresspiegel niedrig und machte den Weg auf den neuen Kontinent frei. Es scheint, dass die Menschen in Amerika von Beginn an in einer Art Wolfs- und Hundekultur lebten.[129] Diese pflegten

128 Frantz et al., 2016; Thalmann et al., 2013

129 Fogg et al., 2015

sie bereits in ihrer ursprünglichen sibirischen Heimat, wie zahlreiche Funde von mit Hunden begrabenen Menschen zeigen. Faszinierend übrigens, dass auch die Vorfahren der heutigen in Nordamerika lebenden Wölfe in den Eiszeiten vor etwa 60 000 bis 20 000 Jahren offenbar in einer einzigen Welle über die Beringstraße nach Nordamerika eingewandert sind, wie ein Zoologe der Universität Graz, Stephan Koblmüller, in Kooperation mit Genetikern aus den USA durch Analyse von Erbsubstanz aus Mitochondrien herausgefunden hat.[130] Diese Wölfe aus Asien verdrängten den dort schon lange existierenden Diriswolf vollständig. Die Neuen waren kleiner, aber offenbar sozial besser organisiert, agiler und auch aggressiver. Aus diesen Tieren entstanden die heutigen nordamerikanischen Grauwölfe. Die Neueinwanderer, sowohl Menschen mit ihren Hunden als auch die neu angekommenen Wölfe, machten dann relativ zügig den damals noch auf dem nordamerikanischen Kontinent lebenden großen Säugetieren den Garaus, wie den elefantenähnlichen Mastodonten.

Von diesen ursprünglichen, sicherlich wolfsähnlichen Tieren der ersten Domestikationsereignisse ist in unseren modernen Hunden nicht mehr viel an Genen vorhanden. Allenfalls sind die ursprünglichen Hunde der Inuit Nachfahren dieser ersten Domestikationen: Ihre Gene finden sich auch noch in alten westeuropäischen Hunden, etwa dem klassischen Wolfsspitz, der in meiner Jugend noch viele Bauernhöfe bewachte. Ihre Gene fand man auch in wenige tausend Jahre alten Hundeknochen zum Beispiel in Irland.[131]

130 Koblmüller et al., 2016

131 Frantz et al., 2016; Pilot et al., 2015

Einen Gutteil der modernen Hunde verdanken wir aber einer Entwicklung vor weniger als 17 000 Jahren in Südostasien.[132]

Dort begannen die Menschen um Heiligtümer herum sesshaft zu werden, und sie lebten offenbar in Wolfspartnerschaft. Relativ rasch entstanden aus den Wölfen durch Selektion auf Zahmheit ursprüngliche Hunde. Dies bedeutet, dass jene Tiere, die unter den Bedingungen der beginnenden Ackerbauernkultur am meisten auf Menschen bezogen waren und die wenigsten Schwierigkeiten machten, die meisten Nachkommen großzogen.

Allein die Selektion auf Zahmheit ließ Hunde mit unterschiedlichsten Eigenschaften entstehen: große, kleine, langschnäuzige und -beinige ebenso wie kurzschnäuzige, einfarbige und gescheckte, steh- oder schlappohrige und so weiter. Damit konnte auch eine Selektion auf bestimmte Eigenschaften beginnen. Die ursprüngliche Jagd- und Wachkooperation zwischen Hund und Mensch erweiterte sich auf den Krieg und später, nach der Domestikation von Schafen und Rindern, auf das Hüten und Bewachen der Herden, vor allem gegen den Wolf.

Offenbar verbreiteten sich innerhalb weniger hundert bis tausend Jahre diese ostasiatischen Hunde über die gesamte damals von Menschen bewohnte Erde und verdrängten die dort lebenden ursprünglicheren Hunde. Dies ist gut vorstellbar, denn auf ähnliche Weise verschwanden die ursprünglichen wolfsähnlichen Hunde der Great-Plains-Indianer im 18. und 19. Jahrhundert sehr rasch und vollständig, als sich zunehmend europäische Hunde durchsetzten – wohl weil sie menschbezogener waren als die urtümlicheren

132 Guo-Dong Wang et al., 2016; Jun Feng Pang et al., 2009; Shannon et al., 2015

Indianerhunde. Vielleicht auch, weil sie einfach als Hunde der Invasoren ein höheres Ansehen genossen als jene Hunde, die ohnehin „immer schon" da waren. Für ihre ursprüngliche Funktion als Zugtiere beim Übersiedeln des Lagers waren die neuen „Zivilisationshunde" freilich nicht zu gebrauchen, und sie waren auch an die rauen Lebensbedingungen nicht angepasst. Mit Mensch, Wolf, Hund und Tipi ging die Kultur der Great-Plains-Indianer unter.

Aus den ostasiatischen Hunden entwickelten sich nahezu weltweit die Dorfhunde und die einfachen Arbeitsschläge, geeignet für die Jagd, den Krieg und das Bewachen der Herden.

Erst vor etwa 150 Jahren wurde von England ausgehend damit begonnen, aus den lokalen, ursprünglich aus Ostasien kommenden Dorfhunden definierte Rassehunde „rein" zu züchten. In England wurde 1873 auch der erste Dachverband der Hundezüchter gegründet: The Kennel Club. Nur dieser durfte das Zuchtbuch führen, und nur Züchter und Züchterinnen, die sich diesem Dachverband anschlossen, wurden anerkannt. Bei der Gründung ging es vor allem um die Qualität von Jagdhunden. Bis heute steht bei der Rassehundezucht nicht ausschließlich die Schönheit im Vordergrund, also letztlich das Bedürfnis nach schönen Begleitern und die menschliche Eitelkeit, sondern bei vielen Rassen weiterhin die Arbeitstauglichkeit.

Mittlerweile gibt es weltweit etwa 400 von einigen wichtigen Dachverbänden anerkannte Hunderassen. Die größten Verbände sind die Fédération Cynologique Internationale (FCI) mit etwa 90 Mitgliedsländern und der American Kennel Club (AKC). In Deutschland agiert der Verband für das Deutsche Hundewesen (VDH), in Österreich der

Österreichische Kynologenverband (ÖKV) unter dem Dach der FCI.

Manche der vor allem auf Schönheit gezüchteten Rassen, bei denen in der Zucht auch viel Geld im Spiel ist, sind von Erbkrankheiten und sogenannten Qualzuchtmerkmalen derart belastet, dass ihre weitere Vermehrung eigentlich aufgegeben werden müsste.[133] Laut nationalen Tierschutzgesetzen fallen unter Qualzuchtmerkmale etwa übermäßige Hautentwicklung, ungenügende Skelettausbildung oder zu kurze Schnauzen. Bei immer mehr Rassen allerdings achten Züchter und Züchterinnen bzw. die Zuchtverbände auf Gesundheit, Robustheit und spezifische Wesensmerkmale.

Trotzdem lösen sich die Sünden der Vergangenheit nicht so einfach in Luft auf. So wäre bei manchen Rassen, die durch viel zu viele genetische Flaschenhälse und Inzucht gingen, zu empfehlen, die Reinzucht aufzugeben und die Rasse in ihren Merkmalen gegebenenfalls wieder neu aus dem vorhandenen Potenzial gesunder Hunde zusammenzusetzen. Angesichts der genetischen Ähnlichkeit der meisten modernen Hunderassen ist dieser Vorschlag gar nicht so weit hergeholt, wie er zunächst klingen mag.[134]

Wölfe und Hunde: Genetisch immer schon „kommunizierende Gefäße"

Zumindest zwei von den Dachverbänden anerkannte Hunderassen entstanden erst in den letzten Jahrzehnten durch erneutes Einkreuzen europäischer Wölfe in verschiedene

133 Sommerfeld-Stur, 2016

134 Parker et al., 2004

Zuchtlinien des deutschen Schäferhunds: der Saarlos und der tschechische Wolfshund. Letzterer entstand, weil das damalige tschechoslowakische Militär und die Polizei durch Wolfseinkreuzung besonders robuste, tapfere, scharfe Hunde erzielen wollten – offenbar in völliger Verkennung des Wesens von Wölfen. Das Ergebnis waren wolfsähnlich schöne, interessante, aber sensible und in der Haltung nicht unproblematische Hunde. Sie werden seit Jahrzehnten reinrassig weitergezüchtet und benötigen in der Haltung eine sensible und sehr kundige Hand. Die Frage ist natürlich berechtigt, warum es nötig und sinnvoll sein soll, nach 35 000 Jahren den Anpassungsprozess an den Menschen durch Neueinkreuzung von Wolfsgenen wieder weitgehend zunichte zu machen …

Genetisch waren Wölfe und Hunde voneinander aber nie dauerhaft isoliert. Es handelt sich vielmehr um ein „kommunizierendes" genetisches System. Aus den Berichten von Zeitzeugen und historischen Untersuchungen etwa ist zu schließen, dass die Hunde der Büffel-jagenden Great-Plains-Indianer mit Wölfen hybridisierten, also Mischlinge bildeten.[135] Diese Hunde sind mit dem Vordringen der europäischen Hunde vollständig verschwunden. Nur in den Timberwölfen des nordamerikanischen Kontinents finden sich noch Spuren dieser Vermischung, die wahrscheinlich seit der Einwanderung der ersten Menschen mit ihren Hunden über die Beringstraße vor etwa 20 000 Jahren immer wieder stattgefunden hat.

So konnte gezeigt werden, dass die schwarze Fellfärbung von etwa einem Drittel der territorialen Timberwölfe

135 Ulmer, 2010

und aller Hunde auf die Mutation eines einzigen Gens im Funktionsbereich des Neurotransmitters Serotonin zurückzuführen ist. Und die passierte laut molekularer Uhr vor mehr als 35 000 Jahren im Hund.[136] Das mutierte Gen kam dann mit den Hunden der Einwanderer vor etwa 20 000 Jahren über die Beringstraße, kreuzte in die nordamerikanischen Wölfe ein und brachte offenbar einen so erheblichen Selektionsvorteil, dass es sich in den Populationen der territorialen Wölfe durchsetzen konnte.[137] Aufgrund des Zusammenhangs dieses Gens mit dem Serotonin- und Glukokortikoid-Stoffwechsel verhalten sich Individuen mit schwarzer Fellfarbe den Herausforderungen des Lebens gegenüber etwas forscher als ihre hell gefärbten Artgenossen. Sie verteidigen wahrscheinlich auch das Territorium aggressiver – womit wahrscheinlich der Vorteil dieses Gens bei den territorialen Wölfen gefunden wäre.

Selten, aber doch kommt es zu einer Vermischung von Hunden und Wölfen. Seit es Hunde gibt, fließen Gene immer wieder in Richtung wildlebender Wölfe zurück. Gewöhnlich decken Hunderüden Wolfsweibchen, weil Wolfsrüden länger in Kontakt mit läufigen Weibchen sein müssen, um paarungsbereit zu werden, während Hunderüden „immer können". Daher dauert die Läufigkeit der Wölfinnen auch länger als die der Hündinnen. In Estland wurde aber auch ein Wolf-Hund-Hybride gefunden, der von einem Wolfsrüden abstammt.[138] Selten sind solche Mischungen vor allem, weil Hunde und Wölfe deutlich unterschiedliche „Kulturen" ausbilden und so kaum zusammenkommen. Gewöhnlich

136 Anderson et al., 2009

137 Musiani et al., 2007

138 Hindrikson et al., 2012

verjagen Hunde einen Wolf, um ihre Schafe zu verteidigen, oder Wölfe töten einen Hund in Verteidigung ihres Reviers. Das Leben in der eigenen Gruppe, verbunden mit einer Abwehrhaltung Gruppenfremden gegenüber, wirkt also der Vermischung entgegen.

Trifft jedoch eine einsame Wölfin im richtigen Zyklusstand auf einen Hunderüden, kann es schon einmal zu erfolgreichem Sex kommen. Allerdings verläuft das Aufziehen solcher Mischlingswelpen durch die Wölfin nur selten erfolgreich. Denn es ist nahezu auszuschließen, dass sich eine Alphawölfin von einem fremden Hunderüden decken lässt. Es wird sich hier also eher um eine einzelne Wölfin handeln, die keine Hilfe beim Aufziehen erwarten kann. Weder wird sie ein Rudel unterstützen noch der Hunderüde – im Gegensatz zu Wolfsrüden helfen Hundemänner ja kaum bei der Aufzucht ihrer Jungen.

Dennoch belegen Hundegene in den Wildpopulationen von Wölfen den gelegentlichen Erfolg, wie beispielsweise das Gen für die schwarze Fellfärbung der Timberwölfe. Auch die italienischen Wölfe tragen einen erheblichen Anteil an Hundegenen. Man versucht daher neuerdings, diese Wölfe genetisch zu untersuchen und Individuen mit einem zu hohen Anteil an Hundegenen, etwa Hybriden der ersten Generation, aus der Population zu entfernen.

Die Folgen der Hundeeinkreuzung für die Wölfe sollte man jedoch entspannt sehen. Immerhin waren Hunde einmal Wölfe, und Wölfe mit Hundegenen verhalten sich offenbar in jeder Beziehung wie „echte" Wölfe. Da diese Tiere unter anderen Selektionsbedingungen leben als Hunde, werden die Hundegene innerhalb weniger Generationen entsprechend „eingepasst"; die Wölfe bleiben Wölfe. Vielleicht helfen die Hundegene den Wölfen sogar, sich besser an immer mehr von Menschen beherrschte Lebensräume anzupassen. Übrigens durchliefen manche Wolfspopulationen sogenannte Flaschenhälse, also Zeiten, in denen nur wenige Tiere überlebten, sodass sie in ihrer genetischen Breite verarmten. Eine gelegentliche Hundeeinkreuzung kann in einer solchen Situation sogar einen wichtigen Beitrag zur Überlebensfähigkeit der Population liefern.

Soll eine Vermischung weitgehend verhindert werden, müssen wir nur für gesunde Wolfsrudel sorgen, indem wir sie in Ruhe lassen. Denn dann zeigen Wölfe kaum sexuelles Interesse an Hunden und kommen Hunde sexuell kaum an Wölfinnen heran.

Leider wird es immer mehr zur Mode, Wölfe bewusst mit Hunden zu kreuzen. Sogenannte High-End-Hybriden kommen vor allem aus den USA, im Wesentlichen Timberwölfe mit geringem Hundeanteil, produziert in kommerziellen Zuchten für Leute, die einigermaßen legal mit einem „zahmen Wolf" leben wollen. Einen dieser Quasi-Wölfe machte der US-amerikanische Philosoph Mark Rowlands 2012 durch sein überaus lesenswertes Buch „Der Philosoph und der Wolf" populär. Darin gibt Rowlands allerdings nicht zu, dass sein Gefährte eigentlich gar kein Wolf, sondern ein Hybride war, was auf den Bildern zweifelsfrei ersichtlich ist. Er verstärkte damit sicherlich den unseligen Trend, mit solchen Tieren leben zu wollen. Allein in den USA soll es bereits um die 700 000 High-End-Hybride geben[139], und immer mehr davon gelangen als Welpen auch nach Europa. In vielen Ländern wie Deutschland ist, im Gegensatz zu

139 Herzog, 2012

Österreich, die Haltung dieser Tiere illegal. Regelmäßig kommt es aufgrund falscher Haltung durch unerfahrene, blauäugige Menschen auch zu Unfällen. Zudem bedeutet die Zivilisationsumgebung für diese Tiere selbst bei bester Sozialisierung eine Belastung. Privat gehaltene Wölfe oder High-End-Hybride könnten entkommen, jagen und sogar Menschen gefährden. Und sie erschweren die natürliche Wiederbesiedlung Europas durch lokale Wölfe.

Vor nicht allzu langer Zeit lief beispielsweise ein „schwarzer Wolf" nahe dem Wolfsforschungszentrum in Ernstbrunn in eine Fotofalle. Da sich alle unsere Wölfe am Wolfsforschungszentrum brav zu Hause in ihren Gehegen aufhielten, muss es sich um einen solchen privat gehaltenen Timberwolf-Hybriden gehandelt haben. Allerdings gibt es zur Zahl der gehaltenen Wolfshybriden keine verlässlichen Informationen, zumal Leute, die solche Hunde halten, dies meist nicht an die große Glocke hängen.

Die grundlegenden Unterschiede zwischen Wölfen und Hunden

Hunde wurden zu unseren engsten Arbeits- und Sozialpartnern und passten sich an ein Leben mit Menschen stärker an als alle anderen Tiere. Neueste genetische Ergebnisse zeigen, dass sich Hunde von ihren Vorfahren vor allem in der Hirnentwicklung unterscheiden und darin, dass sie sich wie der Mensch innerhalb von 15 000 Jahren daran gewöhnten, mit viel mehr Stärke in der Nahrung zurechtzukommen.[140] Auch

140 Axelsson et al., 2013

von den Ernährungsbedürfnissen her sind Hunde also längst keine Wölfe mehr und unterscheiden sich von diesen wie die modernen Menschen von ihren Vorfahren in der Altsteinzeit. Daher ist es zwar gut gemeint, sich als Mensch einer Steinzeitdiät mit hohem Fleischanteil zu befleißigen und den Hund zu ernähren wie einen Wolf, weil er ja schließlich von diesem abstammt; aber eigentlich ist dies angesichts der genetischen Veränderungen von Menschen und Hunden in den letzten 15 000 Jahren eine Themenverfehlung. Eine Steinzeit- und Wolfsernährung dürfte nur für jene angebracht sein, denen es nach Genuss von Getreide- und Milchprodukten aus unterschiedlichen Gründen nicht gut geht. Gesund im Sinne eines langen Lebens ist eine allzu protein- und energiereiche Ernährung auch angesichts unseres körperlich wenig anstrengenden Lebensstils aber nicht.

Unsere steinzeitlichen Vorfahren lebten nach dem Motto: „Lebe schnell und stirb jung". Heute hat sich das offenbar zu einem „Lebe schnell und stirb alt" gewandelt. Reflektierende Zeitgenossen wissen, dass das nicht zusammenpasst und versuchen eher nach dem Motto „Lebe langsam und stirb alt" zu leben. Dazu gehört auch eine bescheidene Ernährung mit hohem pflanzlichen Anteil und wenig Fleisch, wenn man nicht überhaupt aus Achtung vor Tieren auf Fleisch gänzlich verzichtet.

Für Hunde ist ein gewisser Anteil von Getreideprodukten in der Nahrung, wie sie in käuflichem Futter enthalten ist, im Allgemeinen zuträglich, obwohl es auch Hunde gibt, die Getreide nicht vertragen. Umgekehrt vertragen manche auch nicht zu viel Protein. Für Menschen und Hunde gilt also gleichermaßen, dass sie die ihnen optimal zuträgliche Ernährung selbst herausfiltern müssen – Hunde natürlich mithilfe ihrer Menschen. Die menschengemachte ökologische Nische des Ackerbaus veränderte also sowohl die Menschen als auch ihre Hunde.

Die Gehirne von Hunden sind, wie übrigens bei allen domestizierten Tieren, kleiner als die der Wildform.[141] Deswegen sind Hunde aber nicht automatisch „dümmer" als Wölfe. Sie müssen nur nicht mehr so stark wie Wölfe ihre Antennen in Richtung Umwelt ständig auf Empfang geschaltet haben und können sich deswegen besser auf Aufgaben konzentrieren, die Menschen ihnen stellen. Auch dies scheint vor allem ein Ergebnis der Selektion auf Zahmheit zu sein, der alle domestizierten Tiere unterliegen.

Zwei Schritte der Hundwerdung

Die Domestikation des Wolfes verlief also in zwei Schritten[142]: Zuerst führte das Zusammenleben der Jäger und Sammler vor etwa 35 000 Jahren zu noch recht wolfsähnlichen Hunden, deren Funktion, wie wir gesehen haben, noch nicht ganz klar ist. Möglicherweise waren sie spirituelle und soziale Partner, wie auch das Modell der Great-Plains-Indianer zeigt.[143]

Eine typische, im Jahresrhythmus zweimal abgebaute und verlegte Siedlung bestand aus etwa 100 Tipis, 500 Menschen und 2 000 großen, wolfsähnlichen Hunden. Die halfen beim Übersiedeln des Lagers, transportierten Fleisch von der Jagd ins Lager zurück oder den Nachschub, wenn

141 Herre und Röhrs, 1973

142 Frantz et al., 2016

143 Ulmer, 2010

die Menschen auf Kriegszug waren. Die Hunde lebten mit den Leuten in den Tipis, waren lebende Wärmeflaschen und machten es nahezu unmöglich, sich dem Lager in der Nacht unbemerkt zu nähern. Sie waren jedoch kaum Partner auf der Jagd und niemals Kampfgefährten im Krieg, sehr im Gegensatz zu den Hunden der sesshaften Menschen.

Möglich, wenn auch nicht sicher, dass man sich das Verhältnis unserer altsteinzeitlichen Vorfahren zu ihren Hunden ähnlich vorstellen kann. Jedenfalls war bereits in diesem ersten Schritt der Hundwerdung Selektion auf Zahmheit im Spiel. Dennoch blieben die Hunde eher wolfsähnlich. Wahrscheinlich bedingte der nomadische Lebensstil keinen so starken Selektionsdruck auf Zahmheit, wie später jener der Sesshaften, allein weil die limitierte Ausrüstung von Nomaden und ihre von Sesshaften völlig verschiedene Einstellung zu Grund und Boden kaum Konfliktstoff mit ihren ursprünglichen Hunden bot. Zudem mag eine gelegentliche Vermischung der Hunde mit Wölfen diese wolfsähnlich gehalten haben.

Eine wirklich starke Selektion auf Zahmheit inklusive der Anerkennung der Dominanz der Menschen war mit dem zweiten großen Schritt der Hundwerdung im Zuge der Neolithischen Revolution verbunden. Dieser zweite Schritt begann mit dem Sesshaftwerden der Menschen in Südostasien, wahrscheinlich um Heiligtümer, irgendwann 15 000 Jahre vor unserer Zeit im heutigen China, verbunden mit dem Beginn der Domestikation von Reis. Damit veränderte sich langsam, aber stetig die Lebensweise. Auch die Sesshaften jagten immer noch intensiv, begannen aber zusätzlich Ackerbau zu betreiben. Übrigens zunächst weniger, um sich davon zu ernähren: Vor allem ging es darum, durch das

Umwandeln von Stärke in Zucker, beispielsweise durch das im Speichel enthaltene Enzym Amylase, und dessen Vergärung Alkohol herzustellen. Alkohol mag bei den Riten der animistischen Jäger eine große Rolle gespielt haben.

Mit dem Sesshaftwerden wandelten sich die für Jäger und Sammler typischen, recht egalitären gesellschaftlichen Verhältnisse in ein patriarchales, territoriales, meist stark hierarchisches System mit männlichen Herrschern. Die legitimierten sich nicht nur spirituell-religiös, sondern auch über Besitz und über Kriegsherrschaft. Aus Stammeskriegern entstanden Soldaten in organisierten Heeren, die das eigene Land und den Besitz des Fürsten verteidigten und benachbarte Fürstentümer überfielen, um deren Besitz zu rauben. Tatsächlich waren die ersten großen Bauten der Menschheit neben den großen Steinen der Heiligtümer Mauern zur Verteidigung gegen Feinde.

Hundwerdung durch Selektion auf Zahmheit: Warum sind Hunde dann oft so aggressiv?

An das bereits stark kulturell strukturierte Leben der ersten Sesshaften passten sich auch deren Hunde an. Ein früher Langzeitversuch des Russen Dimitri Belyaev kam hier zu erstaunlichen Ergebnissen. Der Genetiker wählte Silberfüchse in Pelzfarmen einerseits auf Zahmheit aus, indem er nur mit jenen Tieren weiterzüchtete, die sich am wenigsten vor Menschen fürchteten, andererseits auf Scheuheit.[144] Nach über 30 Generationen zeigten die Füchse aus der

144 Belyaev, 1972

Zahmheitslinie überraschende Veränderungen: Sie waren nicht nur Menschen zugetan wie nette kleine Hunde. Sie hatten sich auch körperlich verändert. Es gab nun kleine und große, lang- und kurzschnäuzige, gefleckte oder einfärbige, schlapp- und spitzohrige Füchse. Allein durch Selektion auf ein zahmes Wesen entwickelten die Tiere also ähnlich vielfältige Unterschiede zu ihrer Stammform wie heutige Hunde zu Wölfen.

Vor dem Belyaev-Experiment hatte sich niemand wirklich erklären können, wie es sein konnte, dass aus den körperlich relativ homogenen Wölfen die unterschiedlichsten Hundetypen entstehen konnten. Wobei bereits Charles Darwin das Phänomen als „Domestication syndrome" beschrieben hatte, also ein Paket an Merkmalen, das fast alle domestizierten Tiere charakterisiert – auch Belyaevs Silberfüchse. Heute scheint es, dass durch die Selektion auf Zahmheit hormonelle Steuermechanismen während der Entwicklung verändert werden, die geringfügige Veränderungen bei den Zellen der Neuralleiste bewirken.[145] Diese Neuralleiste ist ein Zellstreifen am Rücken früher Embryonen, aus dem sich das Neuralrohr entfaltet, aus dem wiederum das Nervensystem der Erwachsenen entsteht. Diese Zellen sind an der Steuerung der Entwicklung nahezu aller körperlichen und mentalen Eigenschaften beteiligt. Durch die Selektion auf Zahmheit werden sie offenbar geringfügig beeinflusst und verursachen in Folge die Unterschiede in den Merkmalen zwischen Wölfen und Hunden.

Dieses Konzept gehört heute zum Mainstream für die Erklärung der Hundwerdung.[146] Allerdings tut sich hier

145 Wilkins et al., 2014

146 Hare et al., 2012

auch ein Paradoxon auf: Hunde sind allen neuen Ergebnissen zufolge nicht nur untereinander, sondern auch Menschen gegenüber aggressiver als Wölfe. Wahrscheinlich wurden sie bereits kurz nach dem Sesshaftwerden nicht nur im Krieg, sondern direkt im Kampf gegen Feinde eingesetzt. Das spiegeln vor allem die schweren, bulligen Molosserhunde wider, eine von vier genetischen Großgruppen heute lebender Hunde, zu denen Rassen wie Mastiff, Dogge, Dogo Argentino oder auch Staffordshire Terrier gehören.[147] Von ihrer ursprünglichen Bestimmung her waren Molosser Kampfhunde gegen Menschen oder andere Tiere. Und bis heute werden Hunde zu Tausenden in den Armeen der Welt beschäftigt. Allein in Afghanistan kamen im Dienste der US-Armee fast 2000 Belgische Schäferhunde zum Einsatz, die einsatzfreudiger und beweglicher als die klassischen Molosser sind. Sie waren mit Spezialaufgaben betraut, wie Gebäude von darin versteckten Gegnern zu „säubern".

Wie ist eine derart hohe Aggressionsbereitschaft möglich, wenn Hunde aus Wölfen doch durch Selektion auf Zahmheit entstanden sind, es also eigentlich alle sanfte Lämmchen sein sollten? Die Lösung liegt in der grundlegenden Unterscheidung zwischen „uns" und „den anderen", die Menschen und Wölfe und in der Folge auch Hunde treffen. Bereits der griechische Staatsmann, Feldherr und Hundenarr Xenophon schrieb in seinem „Kynegeticon", dem 400 v. Chr. erschienenen ersten Hundebuch der Menschheit, ein Hund müsse „süß und aufmerksam seinen eigenen Leuten gegenüber, aber abweisend und grausam zu den Fremden" sein. Die Selektion auf Zahmheit passierte also ganz nebenbei

147 Parker et al., 2004

im Zusammenleben mit Leuten aus der eigenen Gruppe. Und die selektionierten dann gezielt auf Verteidigungs- und Aggressionsbereitschaft gegen Gruppenfremde.

Tatsächlich kann bei Hunden innerhalb weniger Generationen auf Aggressionsbereitschaft ausgelesen werden, weil diese wie bei allen Tieren als Grundkomponente des Wesens stark genetisch erblich ist. Auf diesem Mechanismus beruht die Zucht von Kriegs- und Kampfhunden in den letzten 10 000 Jahren. Eindrucksvolle Szenen von Schlachthunden, die an der Seite ihrer Menschen in den Perserkriegen andere dahinmetzeln, sind zu sehen am Parthenonfries im Deutschen Museum in Berlin. Diese Hunde waren ganz offensichtlich im Sinne Xenophons dazu fähig, im wüsten antiken Schlachtgetümmel zwischen Freund und Feind genau zu unterscheiden.

Als Wolfsabkömmlinge macht diese Selektion auf Aggressionsbereitschaft die Hunde aber nicht einfach überbordend aggressiv gegen alle – sie verfügen ja über ein Gehirn, das zwischen Gruppenmitgliedern und Fremden unterscheidet. Dass Hunde gelegentlich auch Kinder beißen, meist im Kreis der eigenen Familie oder von Bekannten, widerspricht dieser Erklärung nicht. Hunde neigen zu Eifersucht und sind als soziale Mitglieder einer Gruppe potenziell genauso gewaltbereit wie Menschen. So löst sich das scheinbare Paradoxon zwar nicht in Wohlgefallen, aber doch recht logisch auf: Das Belyaev'sche Prinzip der Selektion auf Zahmheit ist gruppenbezogen zu verstehen. „Süß“ den eigenen Freunden gegenüber zu sein, hindert leider weder Menschen noch Hunde daran, gegen Außenstehende gelegentlich ausgesprochen grausam vorzugehen, manchmal sogar gegen die eigene Familie, wenn Liebe in Hass umschlägt.

Solche neuen Einsichten erlauben es, manche der wissenschaftlichen Mainstream-Domestikationshypothesen zu hinterfragen, also die gängigen Konzepte, was Hunde von Wölfen im Wesentlichen unterscheidet, in ihren geistigen Leistungen und ihrem sozialen Verhalten untereinander und Menschen gegenüber. Als das US-amerikanische Ehepaar Frank 1980 aus seinen Erfahrungen beim Aufziehen von Wolfs- und Alaska-Malamutwelpen die sogenannte „Information processing hypothesis“ generierte, die vereinfacht ausgedrückt besagt, dass Wölfe in manch geistigen Fähigkeiten Hunde übertreffen[148], lagen sie also aus heutiger Sicht nicht ganz daneben.

Fünfunddreißig Jahre später veröffentlichten meine beiden Kolleginnen Friederike Range und Zsofia Virányi ihre „Intraspecific canine cooperation hypothesis“. Sie konnten zeigen, dass Wölfe untereinander besser kooperieren als Hunde, woraus zu schließen ist, dass die Fähigkeiten der Hunde, mit uns Menschen zu kooperieren, direkt auf die innerartliche Zusammenarbeit bei Wölfen zurückzuführen ist. Dafür sprechen auch alle unsere Ergebnisse, beispielsweise der Leinenspaziergänge mit Wölfen und Hunden.

In eine etwas andere Richtung zielt die Domestikationshypothese von Martha Gácsi und Kollegen von der ungarischen Eötvös-Universität. Ihre „Synergistic hypothesis“ betont die stärkere soziale Aufmerksamkeit der Hunde in Richtung Mensch und ihre bessere Fähigkeit, sich zu konzentrieren und ihre instinktiven Impulse zu beherrschen. In einem Satz zusammengefasst: Die soziale Intelligenz und Kooperationsbereitschaft der Hunde ist zwar direktes

148 Frank und Frank, 1982

Wolfserbe, aber Hunde stellen sie eben in den Dienst der Menschen.[149]

Das Team von Brian Hare am Max Planck Institut für Anthropologie in Leipzig lieferte sogar gleich eine ganze Serie von Hypothesen, die alle auf der Selektion auf Zahmheit beruhen, aber außer Acht lassen, dass Hunde in bestimmten Situationen aggressiver reagieren als Wölfe.[150] Also ab damit ins Museum für Wissenschaftsgeschichte!

All diese Versuche, die domestikationsbedingten Unterschiede zwischen Wölfen und Hunden an einem oder wenigen Merkmalen festzumachen, liegen aus meiner heutigen Sicht entweder mehr oder weniger knapp daneben oder sind zu sehr vereinfachende, eingeschränkte und daher potenziell irreführende Sichtweisen, die jeweils auf jenen Aspekten des Verhaltens basieren, die eben gerade untersucht wurden. Ein wenig mehr Geduld wäre angebracht. Auf Basis weiterer Ergebnisse können wir in den kommenden Jahren vielleicht zu zielführenderen umfassenden Hypothesen kommen. Wahrscheinlich kann dann, von einer langen Liste gesicherter Unterschiede und Gemeinsamkeiten ausgehend, eher mit einem analytischen als spekulativen Ansatz eine umfassende Erklärung gefunden werden. Im Moment ist freilich noch unklar, ob eine einfache Synthese je möglich sein wird, oder ob wir uns damit abfinden müssen, dass die Domestikation ein Mosaik von Unterschieden zwischen Wölfen und Hunden erzeugt hat, das vielleicht nie in ein einfaches Konzept passen wird.

Immer wieder tauchen Daten auf, die neue Schlaglichter auf Wolf-Hund werfen. Unsere Messungen der

149 Gácsi et al., 2009

150 Hare und Tomasello, 2005

Herzschlagraten und der Variabilität des Herzschlags an Wölfen und gleichartig gehaltenen und aufgezogenen Hunden zeigen beispielsweise, dass Wölfe entspannter ruhen und schlafen als Hunde, dass Hunde aber entspannter menschengemachte Aufgaben erledigen, wie meine aus den Niederlanden stammende Doktorandin Kim Kortekaas herausfand.[151] Hunde sind offenbar ständig und mehr „auf dem Sprung" als Wölfe, leben sie doch mit Menschen zusammen, deren Absichten nicht immer vorhersagbar sind, während Wölfe „bloß" mit einem zwar gefährlichen, aber vergleichsweise vorhersagbaren ökologischen Umfeld zurechtkommen müssen, meist in sicherer Einbettung in ihr Rudel aus Artgenossen mit recht vorhersagbarem Verhalten. Andererseits zeigt die höhere Anspannung bei Wölfen, wenn sie zum Beispiel das Laufband am Wolfsforschungszentrum benutzen, nicht unbedingt, dass sie in Zusammenarbeit mit uns mehr gestresst wären als Hunde. Ich tippe eher darauf, dass Wölfe menschenbezogene Aufgaben – und vielleicht auch ihre eigenen, wie etwa das gemeinsame Jagen – mit höherer Konzentration erfüllen als Hunde, daher ihre höhere Anspannung. Wölfe sind also in Ruhe entspannter als Hunde, aber angespannt-konzentrierter, wenn sie sich einer Aufgabe widmen.

Dass die Situation die Anspannung steuert, zeigen auch die Leinenspaziergänge, die Hunde und Wölfe gerne, aber in einem ähnlich hohen Zustand der Erregung absolvieren. Es gibt unterwegs ja so viel Interessantes zu sehen, zu riechen und zu hören! Es ist dies also eine lustvolle Anspannung, die sich bei Wölfen wie Hunden in einer geringen

151 Kortekaas und Kotrschal, 2016

Herzschlagratenvariabilität äußert. Dieses Beispiel zeigt, dass es Anpassungen der Hunde an ein Leben mit Menschen geben kann, an die man bislang noch nicht einmal gedacht hat.

Hunderassen und Rassehunde: Zwischen Eitelkeit, Funktion und Genen

Es ist schön zu wissen, dass der Gutteil der Mutationen am Weg vom Wolf zum Hund in den Bereichen Nervensystem, Gehirnbildung und Verdauung erfolgte.[152] Das sagt aber noch nichts über die Gesamtheit der genetischen Veränderungen aus. Wobei die Einzahl hier ohnehin irreführend wäre, denn „den" idealtypischen Wolf oder „den Hund" gibt es nicht.[153] Die genetische Differenzierung bildet schließlich auch die Basis dafür, was wir heute an unterschiedlichen Hunden sehen.

Der größte Dachverband für das Hundewesen FCI (Fédération Cynologique Internationale) systematisiert die von ihm anerkannten Hunderassen durch Aufteilung in zehn Großgruppen, die 1983 von Raymond Triquet definiert wurden als „Gesamtheit von Rassen, die eine bestimmte Anzahl von vererbbaren distinktiven Merkmalen gemein haben" – also rein nach ihrem Erscheinungsbild. Im Mai 2016 wurden von der FCI 343 Rassen anerkannt bzw. durch Rassestandards definiert, und jedes Jahr kommen einige dazu. Die zehn Großgruppen sind: 1. Hüte- und Treibhunde, 2. Pinscher, Schnauzer, Molosser, Schweizer Sennenhunde etc.,

152 Axelsson et al., 2013

153 Parker et al., 2004

3. Terrier, 4. Dachshunde, 5. Spitze und Hunde vom Urtyp, 6. Laufhunde, Schweißhunde und verwandte Rassen, 7. Vorstehhunde, 8. Apportier-, Stöber- und Wasserhunde, 9. Gesellschafts- und Begleithunde, 10. Windhunde.

Man muss nicht einmal sehr genau hinsehen, um zu erkennen, dass diese Einteilung nicht der genetischen Verwandtschaft entsprechen kann. Zudem wurde eine Einteilung nach äußeren Merkmalen nicht wirklich durchgehalten. In der Gruppe 5 etwa wird mit den „Hunden vom Urtyp" auf den Stammbaum Bezug genommen, in Gruppe 10 mit den „Gesellschafts- und Begleithunden" auf die Funktion. Es ist eine historisch bedingte, inkonsistente Einteilung, die aber ohnehin vor allem dazu dient, die Rassehundezucht und das Ausstellungswesen zu organisieren. Davon mag man halten, was man will.

Wo die verantwortlichen Zuchtverbände schwach, die finanziellen Interessen und menschlichen Eitelkeiten dagegen stark sind, bleiben in diesem System die Hunde und ihre Halter und Halterinnen auf der Strecke, weil in der Zucht die Gesundheit der Hunde dann nur noch wenig Rolle spielt. Über genetische Flaschenhälse und fragwürdig definierte bzw. von Formwert-Richtern auf Ausstellungen und von Züchtern und Züchterinnen extrem ausgelegte Rassestandards kommt es bei nicht wenigen Rassen zum epidemischen Auftreten von Erbkrankheiten und Qualzuchtmerkmalen. Im Wesentlichen gesunde Hunde findet man hingegen bei jenen Rassen, die mit Sorgfalt nach strengen Kriterien und auf breiter Basis auf Gesundheit gezüchtet werden, und in Verbänden, die auf Wesen und Arbeitsfähigkeit statt auf reine Schönheit Wert legen, wie bei den Spitz-artigen Eurasiern und auch immer mehr anderen Rassen, bei deren Zucht

Vernunft und rationales Denken nicht ganz ausgeblendet werden.

Die genetischen Beziehungen zwischen Hunden

Über die tatsächliche genetische Verwandtschaft und über die stammesgeschichtlichen Beziehungen unter den Hunden wurde lange und ausführlich spekuliert. Erst mit der Entwicklung von hochauflösenden Analysemethoden wurde es möglich, Licht in dieses Dunkel zu bringen. Das taten etwa Heidi Parker und ihre Mitarbeiter 2004. Sie analysierten die Erbinformation von fast 500 Hunden aus 85 Rassen plus einige Wölfe.[154] Etwa 30 Prozent der genetischen Variabilität entfielen auf die Rasseunterschiede. Relativ klar zerfallen die heute lebenden Hunde demnach in vier Gruppen: erstens die wolfsähnlichen Hunde, welche Huskies und Malamute, Spitze und Basenjes, aber auch Windhunde wie Afghanen oder Sloughis einschließen. Diese Gruppe ist genetisch am engsten mit Wölfen verwandt und gruppenintern am stärksten differenziert.

Zwei weitere Gruppen widerspiegeln uralte Bereiche der Kooperation zwischen Menschen und Hunden: die (zweitens) Hütehunde, zum Beispiel Shelties, die wahrscheinlich schon vor vielen Jahrausenden entstanden, als Menschen begannen, Herden zu hüten und vor Wölfen und anderen Raubtieren zu schützen, und drittens die Molosser, große, kräftige Hunde mit eher kurzen Schnauzen und starkem Biss. Diese Gruppe widerspiegelt vor allem

154 Parker et al., 2004

die Kriegspartnerschaft zwischen Mensch und Hund, die bereits kurz nach dem Sesshaftwerden begann. Genetisch ist übrigens der Deutsche Schäferhund unter den Molossern einzuordnen, obwohl er nicht so aussieht. So kann man sich täuschen, wenn man die Genetik nicht kennt!

Die vierte Gruppe nach Parker enthält den großen Rest der Hunde: Bracken, Terrier, Bassets, alle möglichen Jagdhunderassen und so weiter. Obwohl diese Hunderassen recht unterschiedlich aussehen und sich teils auch in ihren Anlagen und Fähigkeiten unterscheiden, ist die genetische Variabilität zwischen den Rassen in dieser Gruppe sehr gering. Im Wesentlichen sind sie alle durch Reinzucht, also vorwiegend Inzucht über wenige Generationen, vor weniger als 200 Jahren aus europäischen Dorfhunden entstanden, deren Vorfahren wiederum im zweiten Domestikationsschritt in Südostasien.[155]

Diese Erkenntnis würde es erlauben, die Reinzucht jener Rassen aufzugeben, bei denen in der Vergangenheit viel falsch gelaufen ist. Es ist nicht zu vertreten, dass mit Hunderassen weiter gezüchtet wird, die eine Anlage tragen, taub oder blind zu werden, mit wenigen Jahren an Herzinfarkt oder Nierenversagen zu sterben, schon in jungen Jahren an Schilddrüsen- oder anderen Hormonunterfunktionen zu leiden, denen die Augen beim Niesen aus den Höhlen fallen, deren Hüft- und andere Gelenke nicht mehr ausgebildet werden, die ohne Kleinhirn zur Welt kommen – eine Liste, die sich noch lange fortführen ließe. Wenn diese Rassen wirklich so unersetzlich sind, wie manche Leute uns glauben machen wollen, könnten sie innerhalb weniger Generationen

---

155 Frantz et al., 2016

aus dem Genpool relativ gesunder Rassen oder noch vorhandener Dorfhunde auf breiter Basis und mit züchterisch-genetischem Sachverstand wiederhergestellt werden. Dass ausgerechnet „Hundefreunde und -freundinnen" stur weiter Qualzucht betreiben, bleibt nicht nur mir unverständlich.

Für und wider Rassehunde

Braucht es überhaupt Rassehunde? Dafür spricht vor allem, dass viele Leute sie wollen. Es griffe zu kurz, dies einfach mit Eitelkeit oder Statusstreben abzutun. Neben der Kulturleistung, welche die Entstehung und Reinzucht vieler in Wesen, Leistung und Aussehen unterschiedlicher Hunde bedeutet, bedienen unterschiedliche Rassen auch die Bedürfnisse und meinetwegen Geschmäcker unterschiedlichster Menschen. Ein Modell passt nicht auf alle, weder bei Autos noch bei Kleidung, und bei Hunden schon gar nicht. Menschen haben ja auch bezüglich ihrer Menschenpartner unterschiedliche Vorlieben. Warum sollte das bezüglich der Hundepartner anders sein?

Umgekehrt bedeutet die Vielfalt an Hunderassen und -typen, dass der „Markt" für Hunde in der Gesellschaft größer wird. Die Vielfalt an Hunden fördert die Haltung vieler Hunde. Das ist nicht nur für jene positiv, die ihren Lebensunterhalt in irgendeiner Form mit Hunden verdienen. Das ist vor allem auch gut für Menschen, die sonst keinen Hund hätten. Denn mit Hunden lebt es sich gesünder, man wird von anderen Leuten meist positiver beurteilt und ist sozial besser vernetzt als ohne Hund. Zudem sind Hunde auch ein wichtiger gesellschaftlicher

Integrationsfaktor. Je mehr an sozial verträglichen Hunden in Gemeinschaft mit geeigneten Menschen leben, desto besser für die Gesellschaft.

Man sollte also das Kind nicht mit dem Bad ausgießen. Auf Gesundheit und Wesen gezüchtete Rassehunde haben ihre volle Berechtigung als Arbeitskumpane und Sozialgefährten. Dass es in vielen Teilen der Welt immer noch eine unkontrollierte Vermehrung von Straßenhunden gibt, dass auch bei uns noch immer viel zu viele Hunde in Tierheimen landen, ist kein Argument dagegen, sich für einen gesunden, zum eigenen Lebensstil passenden Rassehundewelpen zu entscheiden.

Auch in diesem Zusammenhang möchte ich auf die Verantwortung im Zusammenleben mit Hunden hinweisen. So ist es völlig daneben, den Wunsch nach einem Rassehund aus dem Internet, dem Kofferraum fliegender Händler oder irgendwelcher Hundevermehrerinnen zu befriedigen, nur weil solche Welpen billiger zu haben sind als aus seriösen Zuchten. Vieles davon ist illegal und selbst mit den elementarsten Prinzipien des Tierschutzes nicht vereinbar. „Billigwelpen“ werden mit Phantasiepapieren, viel zu jung und durchwegs krank auf den Markt geworfen und entwickeln neben schweren Gesundheits- meist auch Verhaltensprobleme. Sie verursachen hohe Tierarztkosten, die meisten werden nicht alt oder landen in Heimen. Wer einen Rassehund möchte, soll sich an seriöse Züchter und Züchterinnen wenden und bedenken, dass der Anschaffungspreis eines Welpen verglichen mit den Gesamtkosten eines Hundes nur eine geringe Rolle spielt.[156]

---

156 Kotrschal et al., 2004

Natürlich rate ich auch eindringlich dazu, sich nicht mit schönen Worten zur „Sorgfalt in der Zucht" und Gesundheit der Welpen abspeisen zu lassen. Obwohl der Wunsch nach einem bestimmten Hund das rationale Denken ähnlich beeinträchtigt wie der Zustand des Verliebtseins, kann nur dringend empfohlen werden, sich bestens zu informieren, bevor man sich für einen bestimmten Welpen entscheidet. Es geht schließlich um einen Gefährten für über ein Jahrzehnt.

Ansonsten kann ein Hund aus dem Tierheim oder ein ehemaliger Straßenhund aus südlichen Ländern eine gute Alternative zum Rassehund sein. Man tut natürlich ein sehr gutes Werk, wenn man einen Hund aus einer Umgebung holt, in der er nur sehr eingeschränkt leben kann. Man sollte sich aber dessen bewusst sein, dass man sich mit solchen Hunden auch mit einer gewissen Wahrscheinlichkeit Verhaltensprobleme einhandelt, die sehr fordernd, manchmal überfordernd sein können. Auch in diesem Zusammenhang ist es sinnvoll, sich gut zu informieren, sich beispielsweise vom kundigen Personal des Tierheimes beraten zu lassen, welcher der Hunde am besten zu einem passen könnte. Vor allem aber sollte man sich vorher schlau machen, was zu tun ist, wenn Probleme auftreten.

7

—

RESPEKTVOLLER UMGANG, LEADERSHIP UND TEAMBILDUNG: WIE DIE MENSCH-HUND-PARTNERSCHAFT GELINGEN KANN

Hundeerziehung ist Teambildung mit dem Menschen. Wenig überraschend eigentlich, dass der Stil des Umgangs und der Beziehung bestimmt, wie sich der Hund anderen Leuten gegenüber verhalten wird. Damit Hund und Mensch miteinander glücklich werden, braucht es positive Führung und die Anerkennung des Hundes als Partner, auf dessen Bedürfnisse wir uns einzustellen haben.

Dieses Buch bietet keine Kochrezepte für den „richtigen" Umgang mit Hund, und dieses Kapitel ist kein Erziehungsratgeber – davon gibt es schon genug. Dass nicht alle gut sind, sollte übrigens nicht allzu sehr beunruhigen: Wie in so vielen Bereichen des Lebens gibt es auch für eine glückende Beziehung zum Hund nicht nur einen Weg, eine richtige Methode.

Viele Wege führen nach Rom, oder besser gesagt ins Herz und die Seele des eigenen Hundes. Ich halte es aber für angeraten, vorsichtig Distanz einzunehmen zu Hundetrainerinnen und anderen Experten, die meinen, das einzig Richtige zu tun, und alle anderen wären böse oder inkompetent. Aber jenseits aller Ratschläge möchte ich hier doch über einige Prinzipien nachdenken, die mir selbst erst im jahrelangen Umgang mit Wölfen und Hunden klar geworden sind.

„Wie der Herr, so's Gescherr"

Im Vergleich zu Wölfen verzeihen Hunde viel mehr an sozialen Fehlern und sozialer Inkompetenz vonseiten ihrer Menschen. Dies bedeutet aber nicht, dass sie besonders glücklich wären, mit unserer Ignoranz zurechtkommen zu müssen. Wird es ihnen gar zu bunt, entwickeln sie „Problemverhalten". Wobei das für mich ein schwieriger Begriff ist. Denn so manches, was Herrchen oder Frauchen furchtbar finden, ist für den Hund gar kein Problem – Hunde haben eben manchmal Bedürfnisse, die nicht ganz deckungsgleich sind mit den menschlichen. Wenn Flocki zum Beispiel ein Stück Dreck frisst und anschließend schmusen kommen will, oder wenn er gerne Joggerinnen und Radfahrern hinterherjagt, ist das für ihn ganz normal – für Menschen angenehm ist es zugegebenermaßen nicht.

Jogger zu jagen, unter Trennungsangst die Wohnungseinrichtung zu zerstören oder stundenlang zu bellen, stellt aus mehreren Gründen auch für den Hund ein Problem dar. Vor allem kann es das Leben von Mensch und Hund stark einschränken. Vernünftige Leute holen sich in solchen Fällen kompetente Hilfe, bevor die Konflikte überhandnehmen und der Hund im Tierheim landet.

Manche Menschen sind dann ziemlich erstaunt oder sogar abwehrend, wenn die ins Vertrauen gezogenen Hundetrainer nicht nur den „missratenen" Köter im Fokus haben, sondern die gesamte Mensch-Hund-Beziehung. Macht der Hund Probleme, sollte auch der Mensch auf die Couch; ein solcher systemischer Ansatz sollte heute eigentlich selbstverständlich sein. Er basiert auf der Erkenntnis, dass die Beziehung zum Hund eine ganz normale Sozialbeziehung ist. Hundeerziehung ist daher immer Teambildung, und das sogenannte Problemverhalten von Hunden entsteht meist in der Beziehung zu ihrem Menschen.

Das im Deutschen gängige Sprichwort „Wie der Herr, so's Gescherr" bringt diese Wechselwirkung genau auf den Punkt. Wer es nicht kennt: Ein sinnverwandter Ausdruck ist „Wie die Eltern, so die Kinder". Und bei den alten Griechen gab es den Spruch[157]: „Wie die Herrin, so die Hündin" …

Dem Hund Sicherheit vermitteln

Die Beziehung zwischen Hunden und ihren Haltern oder Halterinnen gestaltet sich ähnlich vielfältig wie Beziehungen zwischen Menschen. Das wird besonders deutlich, wenn man Leute mit ihren Hunden beim Spazierengehen beobachtet.

---

157 Duden 2002, zitiert nach Wikionary, https://de.wiktionary.org/wiki/wie_der_Herr,_so%E2%80%99s_Gescherr

Vor einiger Zeit taten das zwei Diplomstudentinnen unserer Forschungsgruppe für Mensch-Tier-Beziehung an der Universität Wien in der Wiener Innenstadt. Die mehr als 600 beim Gassi-Gehen beobachteten Mensch-Hund-Paare verhielten sich nur zum Teil gesetzeskonform: Etwa die Hälfte der Hunde war nicht angeleint. Besonders ältere Männer drückten sich gerne um das vorgeschriebene Einsammeln des Hundekots. Doch fiel bis auf ein einziges Anknurren zweier Hunde keine einzige unfreundliche Begegnung auf, weder zwischen den Hunden noch den zugehörigen Leuten. Das Klischee der ständig einander anknurrenden und -kläffenden Hunde und Menschen wurde zumindest hier also nicht bestätigt.

Die Diplomandinnen fanden eine große Vielfalt im Ablauf des Spaziergangs. Es gab Paare, die auch ohne Leine ein synchronisiertes, wechselseitig aufmerksames Team bildeten. Hier waren kaum Kommandos zu hören, das Mensch-Hund-Paar funktionierte offensichtlich durch wechselseitige Aufmerksamkeit und Blickkontakt. Im klaren Gegensatz dazu die „Flexi-Paare“: Verbunden durch eine meist lang ausgefahrene Leine, beschäftigten sich die Menschen beispielsweise mit ihrem Smartphone, der Hund mit irgendetwas anderem, ohne dass Mensch und Hund voneinander Notiz nahmen. Offensichtlich interessiert diese Leute kaum, was ihr Hund tut oder wofür er sich interessiert, und dem Hund scheint der Mensch am anderen Ende der Leine ähnlich egal zu sein. Unsynchronisiert und disharmonisch mit ihrem Menschen haben solche Hunde wenig Chance zu lernen, sich am Verhalten ihrer Bezugsperson zu orientieren. Wird Richtung oder Tempo gewechselt, kommt zuerst ein Leinenruck, dann vielleicht ein Kommando oder

Kommentar. Oder nicht einmal das. Einigermaßen sensible Außenstehende erkennen das auf den ersten Blick als suboptimale Beziehung. Der Hund lernt hier bestenfalls Widerstand zu leisten.

Doch woraus ergeben sich derart große Unterschiede des Umgangs miteinander? Unsere eigenen Daten und die Ergebnisse von Kolleginnen und Kollegen bestätigen weitgehend den erwähnten Spruch „Wie der Herr, so's Gescherr". Er trifft nicht nur auf die manchmal feststellbare Ähnlichkeit im Aussehen von Menschen und ihren Hunden zu, die sich vor allem daraus ergibt, dass sich Leute meist unbewusst für Hunderassen entscheiden, mit denen sie eine gewisse Ähnlichkeit aufweisen. Persönlichkeit und Geschlecht von Halterin oder Halter sowie deren Stil, mit dem Hund umzugehen, prägten weitgehend deren Verhalten, auch gegenüber anderen Hunde und Menschen.

Hunde unterscheiden sich in ihrer Persönlichkeit entlang eines Gradienten zwischen forsch und zurückhaltend, wie schon in Kapitel 5 behandelt.[158] Die Anlage dazu steckt zwar in den Genen, aber wie sie sich konkret im einzelnen Hund bzw. in bestimmten Situationen äußert – in der Begegnung mit Fremden, im Spiel, in einer Bedrohungs- oder Trennungssituation –, hängt stark davon ab, wie aufmerksam, verlässlich und empathisch der Mensch mit dem Hund umgeht. Schafft er es, Sicherheit zu vermitteln und das Selbstvertrauen des Hundes zu stärken?[159] In vollem Ausmaß war das nur bei etwa 60 Prozent der von uns untersuchten Mensch-Hund-Paare der Fall.[160]

158 Svartberg und Forkman, 2002

159 Kotrschal et al., 2009; Schöberl et al., 2016

160 Solomon et al., 2016

Worauf muss man besonders achten, um dem Hund Sicherheit zu geben?

- **Nummer eins: Ein klarer Platz in der Familie**

Hunde beziehen ihre Sicherheit im Zusammenleben mit Menschen vor allem aus drei Quellen. Allen voran aus einer guten Einbettung in die Familie, aus der klaren Führungsrolle des Menschen und dem gelegentlich liebevollen, aber bestimmten Setzen von Grenzen. Natürlich sind diese Bereiche nicht getrennt voneinander zu sehen, da die gute soziale Einbettung eines Hundes auch liebevolles, aber klares Führen und Grenzen-Setzen umfasst.

Hunden muss mit beständiger, liebevoller Konsequenz klargemacht werden, dass sie zwar wichtige Familienmitglieder, aber nicht die Chefs sind. Es geht also um konsequentes Führen, nicht jedoch um Dominanz. Sozial vernachlässigte Hunde, also solche, die ständig „neben" ihrer Familie, etwa ohne viel Kontakt oder gemeinsame Aktivitäten im Garten leben, oder die wegen des Laissez-faire-Stils ihrer Menschen ständig eigene Entscheidungen treffen müssen, bereiten mehr Probleme und beißen öfter als gut integrierte Hunde.

Ein sozial verträglicher Hund kennt seinen Platz und hat gelernt, sich in seinem Umfeld so zu verhalten, dass von ihm keine Gefahr oder Belästigung ausgeht. Und zwar nicht, weil er das muss, sondern weil es ihm Freude macht. Der Weg zum sicheren Hund führt also über die soziale Kompetenz des Halters oder der Halterin. Das funktioniert nach den gleichen Prinzipien, die auch eine geglückte Eltern-Kind-Beziehung ausmachen, und die den Kern jeglicher Erziehung bilden. Dabei geht es nur zu einem geringen Teil um die Anwendung formaler Erziehungstechniken. Vielmehr geht es darum, wie tagtäglich miteinander gelebt wird, wie viel Aufmerksamkeit und Zuwendung man einander widmet. Das mag vielen nicht bewusst sein, die versuchen, das Beziehungsproblem mit dem Hund eher erziehungstechnisch auf dem Abrichteplatz – um einen schrecklichen alten Begriff zu verwenden – zu lösen. Die sozialen Defizite im Zusammenleben kann das jedoch genauso wenig ausgleichen, wie bei Kindern mögliche Defizite im Elternhaus von der Schule behoben werden können.

Obwohl noch gar nicht so viel zur Mensch-Hund-Beziehungskiste geforscht wurde, reicht der Platz hier nicht aus, die bisherigen Ergebnisse erschöpfend zu behandeln. Ich möchte deshalb nur ein paar Beispiele bringen.

Zu einem Gutteil wird der Umgang mit dem Hund von Bindungsstatus, Persönlichkeit und Einstellungen seines Menschen geprägt, natürlich im Wechselspiel mit den Eigenheiten des Hundes und dessen Temperament. Distanzierte Menschen beispielsweise, die ihre Hunde nicht genügend emotional unterstützen, fördern ein „neurotizistisches" Wesen bei ihren vierbeinigen Partnern. Dies äußert sich in mangelnder Impulskontrolle und instabiler Emotionalität aufseiten des Hundes. Weil diese Tiere bei ihren Menschen nicht genügend Sicherheit finden, können sie Trennungsängste entwickeln, die manchmal mit der Zerstörung der Wohnungseinrichtung einhergehen, wenn der Hund alleine bleibt.[161]

In einer Pilotstudie fanden wir übrigens eine merkwürdige Beziehung zwischen dem Geschlecht der Menschen und der freundlichen Offenheit ihrer Hunde gegenüber anderen. Rüden, die mit Frauen leben, verhielten sich demnach

161 Konok et al., 2015

etwas weniger locker und freundlich gegenüber fremden Menschen als Rüden in Partnerschaft mit Männern.[162] Wir glaubten zunächst an einen Vorzeichenfehler in unseren Berechnungen, aber die waren korrekt. Wir schließen daraus, dass Hunde ihre Geschlechterrollen auch Menschen gegenüber spielen. In den meist sehr gut und konfliktarm funktionierenden Frau-Rüden-Paaren übernimmt der Rüde offenbar die „Männerrolle".

Dies bedeutet übrigens nicht, dass der männliche Hund seine menschliche Partnerin dominieren würde, ganz im Gegenteil: Meiner langjährigen Erfahrung als Vorsitzender des österreichischen Eurasierklubs zufolge verhalten sich gerade schwierige Problemrüden – auch die gibt es – in der Hand verständiger Frauen gewöhnlich völlig problemlos. Die männliche Rolle in der Partnerschaft drückte sich vielmehr in etwas größerer Zurückhaltung und Vorsicht gegenüber fremden Menschen aus als bei Rüden in Männerhand. Denen ist gewöhnlich klar, dass sie die Nummer zwei in der Geschlechterhierarchie sind, worauf sie ähnlich entspannt reagieren wie die Nummer zwei in der Rüdenhierarchie eines Wolfsrudels – das Regeln der Außenbeziehungen kann ja der Nummer eins überlassen werden. So dürfte in manchen sozialen Voreinstellungen der Hunde altes Wolfserbe zutage treten. Eine plausible Interpretation, die wir aber natürlich noch überprüfen müssen.

- **Nummer zwei: Dominanz oder positives Führen?**

Aber es geht in diesem Kapitel um den Umgang von Menschen mit Hunden, nicht um die Verhältnisse im Wolfsrudel, auch

---

162 Kotrschal et al., 2015

wenn die immer noch mitzudenken sind. Und da kommen wir um zwei Begriffe nicht herum, deren bloße Erwähnung so manche Hundeleute in helle Aufregung versetzen kann: Hierarchie und Dominanz.

Klar ist, dass es keine sozialen Gruppen, keine langzeitlichen Zweierbeziehungen ohne Hierarchie gibt. Rein verhaltensbiologisch-pragmatisch gedacht ist einer der Partner – egal, ob Frau oder Mann – „dominant“, wenn er (oder sie) etwa bestimmte Entscheidungen trifft, die vom anderen akzeptiert werden. Das dominantere Individuum kann sich in manchen Konflikten durchsetzen, während das subdominante vielleicht durchaus in anderen Entscheidungen das Sagen haben kann. Dominanz in sozialen Netzwerken – ich meine hier die realen, nicht die elektronisch-virtuellen – ist nie absolut zu sehen, sondern ist stark situationsabhängig. Der dominante Chef einer Firma etwa kann ganz klein und bescheiden werden, sobald er zu Hause mit seiner Frau verhandelt.

Kluge und sozial kompetente Dominante werden sich davor hüten, ihre Interessen mit Druck oder Gewalt durchzusetzen. Denn in der Konsequenz macht es einen Unterschied wie Tag und Nacht, ob „mit der Faust“ *dominiert* oder mittels Motivieren *geführt* wird.

Nur weil Hunde in einer steileren Dominanzhierarchie denken und leben als Wölfe, bedeutet das nicht, dass es der Beziehung besonders förderlich wäre, mit starker Hand – also Maßnahmen wie Schnauzengriff, Nackenfell-Schütteln, Stachelhalsband oder Brüllen – mit einem Hund zu kommunizieren, wenn dieser entweder nicht begriffen hat, was von ihm erwartet wird, oder dem nicht entsprechen will oder kann. Hunde sind zwar durch Jahrtausende der Anpassung an solch seltsame Umgangstöne zu dem geworden, was sie heute sind, und stehen wie alle domestizierten Tiere in untergeordneter Abhängigkeit vom Menschen.[163] Dies bedeutet aber nicht, dass Hunde prinzipiell Druck benötigen würden, um in Partnerschaft mit Menschen zu funktionieren.

Viel von dem, was heute noch an Kasernenton, Exerzieren und Leinenrucken auf ewig gestrigen Abrichteplätzen zu sehen ist, entspringt einem Missverständnis darüber, wie Wolfsrudel funktionieren. Letztlich sind sie sogar ein spätes Erbe nationalistisch-faschistischen Denkens: Als Rittmeister von Stefanitz im 19. Jahrhundert den Deutschen Schäferhund erfand, tat er das mit dem Vorsatz, einen besonders wolfsähnlichen Hund zu züchten. In vorgezogener NS-Sprache: „treu, teutsch, tapfer, zäh wie Leder, hart wie Stahl". Man war sich damals in der Tradition germanischer Werwolf-Phantasien, die später im Nationalsozialismus wieder eine große Rolle spielen sollten, nicht bewusst, dass Wölfe eigentlich ganz anders sind. Das Wolfsbild des deutschen Idealismus und Nationalismus, dem der Deutsche Schäferhund entsprang, war schlicht eine Projektion nationalistisch-rassistischer Führerphantasien. Und da angeblich im Wolfsrudel der „Leitwolf" (ein weiterer überkommener Begriff) das absolute Sagen habe und seine Interessen nötigenfalls mit Gewalt durchsetze, müsse man sich Hunden gegenüber ebenso verhalten.

Alles falsch! Wolfsrudel funktionieren viel egalitärer und viel, viel gewaltfreier als selbst heute manche Leute noch denken. Die falsche Ideologie über Wölfe als Rechtfertigung

---

163 Kotrschal 2012, 2014

eines problematischen Umgangs mit Hunden zu verwenden, ist daher schlicht wahnwitzig.

Natürlich kann ich als Mensch mit Schreien und Strafe erreichen, dass der Hund einen Gegenstand sucht und bringt. Ich kann ihn aber auch durch positives Motivieren, also Lob und Belohnung, dazu bringen, zuerst zu begreifen und in Folge freudig zu kooperieren. Wie der Chef in einer Firma auch, kann man mit der Faust regieren oder mit positiver Motivation. Obwohl die beiden unterschiedlichen Ansätze zunächst scheinbar zum gleichen Ergebnis führen, sind sie in den zugrunde liegenden Mechanismen und in ihrer Konsequenz völlig konträr.

Aggressiv-autoritäres Agieren zerstört die guten Beziehungen. Wie zwischen Eltern und Kindern ist bei Mensch-Hund oder bei jeglicher Vorgesetzten-Untergebenen-Beziehung jener Teil, der die meiste Zeit die Führerschaft innehat, auch jener, der emotionale Unterstützung und die Sicherheit geben muss, die für eigenständiges Denken und motiviertes Handeln im Sinne des Teams unumgänglich ist. Autoritäres Gehabe zerstört nicht nur Beziehungen, es schaltet das Gehirn auch auf Angst und Vermeidung. In diesem Modus ist im Gehirn die Amygdala aktiv, das Relais-Kerngebiet für Angst. Es werden die Stresssysteme aktiviert, Körper und Geist auf Vermeidung, Flucht, Kopf-in-den-Sand-Stecken oder Abwiegeln eingestellt. Kreatives und sozial motiviertes Denken wird dabei gehemmt. Individuen, egal ob Hunde oder Menschen, agieren in diesem Modus, um Strafe oder unangenehmen Konsequenzen zu entkommen.

Ganz anders die positive Führerschaft, wie wir in Ernstbrunn sie ausüben, wenn wir mit Hunden und Wölfen „Sitz!" oder „Platz!" üben. Die erfolgreiche Ausführung bringt nicht nur ein Leckerli, sondern für Hund oder Wolf und Mensch auch ein gemeinsames Erfolgserlebnis, ausgelöst durch die Bewältigung der Aufgabe als Team.[164] Beim beteiligten Menschen löst dies jedes Mal ein kleines Glücksgefühl aus, und ich bin mir ziemlich sicher, dass dies bei unseren vierbeinigen Partnern auch der Fall ist, sonst wären sie nicht mit solchem Eifer bei der Sache. Die Übung gelingt, weil *beide* es gerne tun, und nicht weil unsere Partnertiere Unbill abwenden wollen. Im Gehirn wird bei solch positiven Kooperationen unter der positiven Führerschaft einer Seite das Beruhigungs- bzw. Oxytocinsystem aktiviert, was sich unter anderem an einem Absinken der Stresshormone der Tiere, aber auch der Menschen im Trainingsverlauf zeigt. Weil damit die Stresssysteme gehemmt und die Belohnungssysteme zugeschaltet werden, folgen konzentrierte Ruhe, soziale Aufmerksamkeit und der Wunsch, bald wieder etwas gemeinsam zu unternehmen. Der Menschenpartner in seiner Führungsfunktion wird damit zum emotionalen Unterstützer, der jene Sicherheit gibt, die Hunde und Wölfe benötigen, um möglichst stressfrei die Herausforderungen des Alltags zu bewältigen. Und das stärkt letztlich auch die Bindung.

- **Nummer drei: Grenzen setzen**

Führen bedeutet aber auch, mittels Herz und Hirn Grenzen zu setzen – letztlich mit dem Einverständnis derjenigen, die es betrifft. Kleine, sozusagen evolutionär vorgesehene Konflikte in der Eltern-Kind-Bindung oder in der Mensch-Hund-Beziehung tragen zur Sicherheit der Beziehung bei, wenn sie

164 Da Silva Vasconcellos et al., 2016

klar, im richtigen Zeitmaß, mit angemessenen Mitteln und ohne Liebesentzug ausgetragen werden. Kinder oder Hunde, die ohne Grenzen aufwachsen, sind verunsichert und versuchen oft selbst die Kontrolle zu übernehmen, um wenigstens ein Mindestmaß an Sicherheit zu gewinnen. So bedeutet positives Führen und das Setzen von Grenzen keinesfalls Dominanzausübung, sondern ist letztlich sozial überlebenswichtig für den abhängigen Teil in der Partnerschaft.

Um beim Beispiel der Trainingssituation mit Hunden oder Wölfen zu bleiben: Sollte sich einer der Tierpartner zu einem „sozialen Spielchen“ entschließen, wofür besonders junge Wölfe hochbegabt sind, wird von uns angemessen reagiert. Will etwa der vorgesehene Wolf das Gehege nicht verlassen, um mit uns im Testhaus zu arbeiten, wird einfach ein anderes Rudelmitglied vorgezogen – ein Schritt, der wahre Wunder wirken kann! In seltenen Fällen zeigt ein Hund oder Wolf im Testraum auch demonstrativ Desinteresse, mit uns zu kooperieren. Dies tun hin und wieder pubertäre Tiere im Alter von etwa einem Jahr. Sie interessieren sich dann für alles Mögliche, nur nicht für den Menschen im Raum, und vermeiden Blickkontakt.

In solchen Fällen geht es ganz offensichtlich darum, die Führungsrolle des menschlichen Partners herauszufordern. Wir reagieren darauf weder mit Unmut noch stakkatoartigen Kommandowiederholungen, womit wir uns beim Herausforderer nur lächerlich machen würden, der damit sein Ziel erreicht hätte; wir warten stattdessen einfach geduldig ab (wie es auch Eltern ihren Kindern gegenüber tun sollten). Und in Geduld sind wir Wölfen wahrlich überlegen! In der Regel entschließt sich der Tierpartner dann doch zur Mitarbeit. Ist dies nach angemessener Zeit nicht der Fall, wird er kommentarlos ins Rudel entlassen – ohne Leckerli und ohne belohnendes Gemeinschaftserlebnis, aber auch ohne Unmutsäußerungen unsererseits. Es könnte ja auch sein, dass ein Wolf einmal keinen Kopf für die Mitarbeit hat und lieber bei den anderen Tieren im Rudel bleibt. Kein Problem, kein Grund für Gebrüll oder Zwang – das würde nur die Beziehung zerstören und möglicherweise sogar recht unangenehme Revanche-Fouls der Wölfe provozieren. Positives Führen braucht eben auch Gelassenheit. Natürlich ist es wichtig, es bei guter Gelegenheit wieder miteinander zu versuchen. Prinzipiell sollten Situationen immer positiv für beide Seiten abgeschlossen werden, auch um keine Kultur des gemeinsamen Scheiterns einzuführen.

Klare Führung schafft Sicherheit, gute Beziehung und einen kreativ im Sinne der Sache denkenden Hundepartner. Dazu gehört natürlich, dass Körperhaltung und Stimme des Menschen Festigkeit und Selbstsicherheit ausdrücken – was nur funktioniert, wenn der Mensch tatsächlich so selbstsicher ist; es mag vielleicht Menschen gegenüber gelingen, Befindlichkeiten durch Körpersprache vorzutäuschen, Wölfe und Hunde kann man aber kaum damit täuschen. Dominanzausübung mit übertriebener Körperhaltung, Anstarren bis hin zu körperlicher Gewalt dagegen verunsichert und verdummt.

Positive und klare Führerschaft ist auch deswegen im täglichen Zusammenleben mit Hunden wichtig, weil Hunde, meist wenig gehemmt durch allzu viel humanistisch geprägte Empathie oder Rücksichtnahme auf ihre Menschen, sehr konsequent darin sein können, ihre Interessen in der Partnerschaft durchzusetzen. Sie sind meist größere Meister im Konditionieren ihrer Menschen als umgekehrt: Der Mensch springt, wenn der Hund fiept.

Hundemenschen tappen sehr leicht in diese Beziehungsfalle. Es braucht bloß ein wenig Inkonsequenz, Unaufmerksamkeit oder Unsicherheit den Respektlosigkeiten und Grenzüberschreitungen übermütiger Junghunde gegenüber, damit diese merken, dass sie sich ihren Menschen gegenüber mehr herausnehmen können, als Letzteren lieb sein mag. Das soll ja auch auf Kinder zutreffen. Wenn also der Junghund „überhört", dass er gerufen wurde, sollte man das weder völlig ignorieren noch wie ein Rumpelstilzchen darauf reagieren, denn negatives Verhalten von Hunden kann durch Toben sogar verstärkt werden – ist ja auch eine Art Zuwendung. Vielmehr wird man sich abwenden, vielleicht weggehen, geduldig warten, bis der Hund von selbst kommt. Dann cool anleinen und ein paar einfache Übungen wie „Sitz!" und „Platz!" in freundlichem Ton, im Erfolgsfall mit Leckerlis und Lob – und schon ist der *gemeinsame* Misserfolg des Nichtkommens überwunden. Kurz darauf wird der Junghund auf Zuruf wahrscheinlich freudig auf seinen Menschen zulaufen.

Auch Ignorieren einer Missetat ist erlaubt, wenn absehbar ist, dass der Mensch in einer bestimmten Situation ohnehin den Kürzeren ziehen würde. Als meine junge Hündin Bolita gelegentlich beim Spaziergang Hasen jagte, wäre es sinnlos gewesen, ihr hinterherzubrüllen. Wir haben aber sofort nach ihrer Rückkehr zu mir das Thema jedes Mal klar „besprochen". Dabei wurde ich bewusst etwas emotional, was ganz in Ordnung ist. Ein permanent cool-emotionsloser Umgang mit Hunden (wie mit Kindern) kann diese stark verunsichern. Schließlich erwarten sie einen sozial sich angemessen verhaltenden Menschen als Partner, nicht einen Zombie.

Menschen sind aufgrund ihres großen Stirnhirns, ihrer ständig von moralischen Überlegungen beeinflussten sozialen Skrupel, ihrer von sozialer Komplexität verursachten Zögerlichkeit und Manipulierbarkeit durch den „ach so süßen" Blick den geliebten Hunden in Sachen sozialer Konsequenz eindeutig unterlegen. So wage ich zu schätzen, dass etwa die Hälfte aller Mensch-Hund-Paare zumindest in Teilbereichen der Partnerschaft unter der sozialen Führung des Hundes steht. Viele Leute geben das auch offen zu. Das kann in Ordnung sein, solange beide damit glücklich sind. Bei einer totalen Kontrollübernahme durch den Hund ist aber nichts mehr in Ordnung. Solche in die Führerschaft gezwungenen Hunde reagieren nicht selten aggressiv gegen die eigene Familie und Umgebung.

Zu den kontraproduktiven Maßnahmen zählt sozialer Druck etwa durch den Entzug von Zuwendung, was gerade Frauen oft ziemlich gut zu beherrschen scheinen. Es ist keine gute Basis für eine Partnerschaft, mit Liebesentzug zu sanktionieren, wenn der Partner einmal nicht so reagiert, wie man es sich wünscht, auch und gerade bei Hunden. Sichere und konsequente Zuwendung inklusive regelmäßiges Schmusen sind unverzichtbare Komponenten einer Partnerschaft. Im gemeinsamen Tun kann sie sich dann voll entfalten.

„Pet" oder Partner?

Schon lange verlange ich ein „Menschenrecht auf ein Leben mit Hunden"[165] – aufgrund der langen gemeinsa-

165 Kotrschal, 2012

men Geschichte, der genauen sozialen Passung, und weil Hunde als Gefährten objektiv viel Gutes für Gesundheit und Seele ihrer Menschen tun; und weil umgekehrt Hunde ihnen zugetane Menschen für ihr Glück brauchen. Gerade in Städten nimmt weltweit die Haltung von Hunden zu, selbst in Megastädten wie New York, für die man das nicht auf Anhieb vermuten würde.

Eine Vortragsreise in die USA bescherte 2011 meiner Frau und mir auch ein paar Tage in einem Apartment am Central Park. Dort sahen wir unglaublich viele Hunde mit ihren Menschen. Fast alle waren angeleint, nur ganz selten lief einer frei (was natürlich illegal ist, aber toleriert wird). Dem Schlittenhund Banto wurde im Central Park sogar ein überlebensgroßes Bronzedenkmal gesetzt: Er brachte, wie am Denkmal vermerkt, seinen Halter 1912 mit Ausdauer und Intelligenz durch Schnee, Eis und Blizzards irgendwelcher nördlicher Gefilde sicher ans Ziel. Eigentlich verdienen viele Hunde Denkmäler. Schön, dass Banto eines bekommen hat. Nicht zuletzt ist dies Ausdruck der Anerkennung eines Hundes als Person.

Trotzdem sind die USA nicht unbedingt leuchtendes Vorbild in Sachen Hundehaltung. Nicht selten verbringen die Tiere acht Stunden pro Tag oder mehr in der Wohnung. Viele Leute unternehmen zu wenig mit ihren Vierbeinern, und im Gegensatz zu Mitteleuropa gilt es dort als Ausdruck verantwortlicher Hundehaltung, sie früh kastrieren zu lassen. Während in Europa (hoffentlich) eher die Einstellung vorherrscht, dass das Leben mit Hunden für Menschen sowohl eine Bring- als auch Holschuld darstellt, werden Hunde in den USA überwiegend als „Pets“, also Schmuse- und Freizeittiere verstanden. Sie werden oft verhätschelt, während die

Tendenz, das eigene Leben auf die Bedürfnisse des Hundekumpans abzustimmen, eher gering ausgebildet scheint. Um es neutral auszudrücken: Kulturelle Unterschiede zwischen Europa und den USA werden offenbar auch im Zusammenleben mit Hunden sichtbar.

Stellt sich natürlich die Frage, was davon zu halten ist, dass sich Menschen immer noch das Recht herausnehmen, den Hundepartner sogar chirurgisch an sich anzupassen. In den meisten Ländern ist das Abschneiden von Ohren und Schwänzen vorwiegend im Dienste der „Schönheit" noch immer erlaubt – nicht mehr in Österreich, wo es schon länger verboten und in der Folge auch aus der Mode gekommen ist. Hingegen nimmt die aus den USA auf Europa überschwappende Gepflogenheit des Frühkastrierens von Hunden auch bei uns zu.

Hierzulande gilt es gottlob als unethisch, den Kumpanhund prophylaktisch zu kastrieren. Eine medizinische Indikation ist gesetzlich erforderlich; die Bequemlichkeit der Menschen ist kein hinreichendes Argument. Im eigenen finanziellen Interesse ist für manche Tierärzte oder -ärztinnen so eine Indikation aber rasch gefunden. So heißt es etwa bisweilen, die Frühkastration von Hundeweibchen würde späteren Brustkrebs verhindern – ohne Evidenz übrigens, denn eine Zusammenschau der vorhandenen Studien belegt diesen Zusammenhang nicht.

Das medizinische Argument pro Kastration hält nicht nur nicht, unser US-Kollege Ben Hart von der Universität Kalifornien belegte in den letzten Jahren mittels einiger Publikationen sogar, dass sie für die betroffenen Hunde einen ganzen Rattenschwanz gesundheitlicher Probleme nach sich ziehen kann: Früh kastrierte Hunde sind häufiger übergewichtig, krank, inkontinent, haben öfter hormonelle oder Gelenkprobleme und sterben früher als ihre Artgenossen.[166] Alles klar?

Aber was bleibt, wenn ethische und medizinische Argumente wegfallen? Richtig: geschäftliche Interessen. Zum Beispiel die gute veterinäre Beschäftigungslage, wenn diese Hunde älter werden. Davor sollten wir Hunde als unsere engsten Sozialgefährten unter den Tieren aber eigentlich bewahren. Ich weiß, dass der Gutteil der Tierärzte und -ärztinnen hohe ethische Standards pflegt. Aber das schlechte Vorbild aus den USA bringt auch hierzulande immer wieder schwarze Schafe hervor.

So plädiere ich im Schlusskapitel dieses Buches für ein Umdenken nicht nur in Sachen Kastration. Vielmehr wäre es auch im eigenen und gesellschaftlichen Interesse hoch an der Zeit, den immer noch viel zu gering geschätzten Soft Skills der Hunde mehr Augenmerk zu schenken. In einer immer anthropozentrischeren Welt im Multitrauma scheinen wir paradoxerweise fast nur noch auf technologische Lösungen für sozial verursachte Probleme zu vertrauen. Ein Leben mit Hund kann uns dabei helfen, zur Besinnung zu kommen, wie ich im letzten Kapitel dieses Buches ausführen möchte.

---

166 z.B. Hart et al., 2016

8

—

GEGENWART UND ZUKUNFT VON HUND-MENSCH

Vermenschlichen wir die Hunde und verhundlichen sie uns? Wahrscheinlich – jedenfalls tragen Hunde heute schon viel dazu bei, Menschen und Gesellschaft gesund zu erhalten. Gut so, denn mit Technologie alleine werden wir die Welt nicht retten. Mit Hunden alleine natürlich auch nicht. Aber sie können uns dabei helfen, jene Soft Skills zu stärken, die es zum nachhaltigen Überleben aller braucht.

Noch nie zuvor haben so viele Leute so viel Zeit und Geld in Hunde investiert; wobei man daran zweifeln mag, ob parallel dazu die Hundeverachtung und die Grausamkeiten ihnen gegenüber weltweit tatsächlich abnehmen. Spott erregende Brillanthalsbänder und Haute-Couture-Hundemäntelchen verdecken dabei vielleicht den Blick auf einen Bereich, für den sogar weniger begüterte Hundemenschen immer mehr Geld auszugeben bereit sind: die High-Tech-Medizin. Dies ist ein untrügliches Zeichen für den hohen sozialen Stellenwert von Hunden.

Natürlich steht auch unserem besten Freund zu, behandelt zu werden, wenn es ihm schlecht geht, schließlich wollen wir ihn nicht vorzeitig verlieren. Wurden Hunde früher bereits aus geringfügigen Gründen eingeschläfert oder im Wald erschossen, schlägt das Pendel heute jedoch in die Gegenrichtung aus. So mancher Hundemensch ist bereit, sich sogar zu verschulden, um teure Behandlungen für den Gefährten zu finanzieren. De facto sind alle Behandlungsverfahren, die primär für Menschen entwickelt wurden, heute auch für Hunde verfügbar, von der Krebstherapie über komplizierte Operationen, künstliche Hüftgelenke bis hin zu Physiotherapie und Rehabilitation. Leider ist in unseren Breiten die in Skandinavien übliche flächendeckende Gesundheitsversicherung für Hunde noch nicht weit verbreitet. So werden solche meist teuren medizinischen Möglichkeiten aus Kostengründen zu wenig genutzt. Vor ein paar Jahren wurde in Österreich die Einführung einer Pflicht-Krankenversicherung für Heimtiere wie Hunde zwar bereits diskutiert, aber wieder verworfen. Zudem gibt es in unseren Breiten im Gegensatz zu Skandinavien immer noch keine Versicherungsgesellschaften, die eine solche Versicherung zu leistbaren Preisen anbieten würden.

Nun ist es ja toll, die Lebensdauer und -qualität unserer besten Freunde verlängern und verbessern zu können. Doch vergrößert die Vielzahl an Möglichkeiten auch die Gefahr, die finale Entscheidung aus Sicht des Tierwohls zu spät zu treffen.

Wie zu Menschen, so zu Hunden

Nicht nur medizinisch scheinen Mensch und Hund auf Kuschelkurs. Besonders in Städten spielen sie eine immer größere Rolle als soziale Gefährten. Es gibt aber auch „Kampfzonen“: So beschließen Stadtregierungen oft völlig überzogene Leinen- und Maulkorbpflichten, anstatt in ein gedeihliches Miteinander zu investieren. Letztlich ist eine hundefeindliche Stadt aber auch kein guter Ort für Menschen und ihre Kinder.

In Rumänien entschloss man sich gar, das Problem der Straßenhunde durch Töten zu lösen. Alternative Strategien wurden abgelehnt, die von NGOs und anderen angebotenen Hilfen ausgeschlagen. Das öffentliche Töten in Rumänien verlängert über eine Traumatisierung der Kinder das Trauma dieser Gesellschaft aus Jahrhunderten von Ausbeutung und Missbrauch mit furiosem Höhepunkt in einem skurrilen Führerkommunismus.

Die uns am nächsten stehenden Tiere ohne triftigen Grund einfach zu töten, scheint Symptom einer traumatisierten Gesellschaft, wie einst auch der tschechische Schriftsteller Milan Kundera in seinem wunderschönen Roman „Die unerträgliche Leichtigkeit des Seins" eindrucksvoll ausführte: Das Pflänzchen der Hoffnung auf einen Kommunismus mit menschlichem Antlitz in der Tschechoslowakei war 1968 durch sowjetische Panzer zerschlagen worden, und Monate danach hatten die tschechischen Kollaborateure der russischen Machthaber wieder alle Schaltstellen der Macht in Prag übernommen. Es herrschte ein Klima der Angst und des Misstrauens. Da man nicht zu repressiv gegen die Bevölkerung vorgehen konnte, wurde auf aggressive Kampagnen gegen Tauben und Straßenhunde ausgewichen. Nicht nur im damaligen Prag war also die Beziehung zu Tieren ein sensibler Gradmesser für die Verfasstheit der Gesellschaft.

Wo man hingegen nett zu Hunden ist, stimmt meist auch das soziale Klima zwischen den Menschen. Wer je auf einer Kubareise den warmherzigen Umgang der Menschen miteinander und mit den Hunden auf der Straße erlebt hat, wird verstehen, dass auch wir noch erheblich dazulernen können. Nicht ungewöhnlich, dass in Kuba ein Straßenhund eine Bar betritt und nicht etwa durch einen Steinwurf vertrieben wird, sondern das Lokal erhobenen Hauptes wieder verlässt, nachdem er sich ein Leckerli oder Streicheleinheiten abgeholt hat. Welch ein Gegensatz zur mexikanischen Macho-Gesellschaft! Eine kurze Fahrt über den Golf von Mexiko, und schon ist (nicht nur) ein Hundeleben nichts mehr wert. So ist etwa die Straße vom Flughafen ins Zentrum von Mexico City von den Leichen dürrer Straßenhunde gesäumt, weil es sich viele Autofahrer zum Sport machen, sie zu überfahren.

Einerseits entwickeln wir also High-Tech-Medizin für Hunde, andererseits sind Menschen Hunden gegenüber zu den schrecklichsten Grausamkeiten fähig. Wohl beides Abbild menschlicher Gesellschaften, in denen es exzellente Krankenhäuser ebenso gibt wie schreckliche Folterkammern. Für das Hundefleisch-Festival im chinesischen Yulin etwa werden Hunde zu Tode geprügelt, kopfüber an Haken aufgehängt, aufgeschlitzt, ausgeblutet, gehäutet und zum Verzehr verkauft. Öffentliche Folter und die grausamste Behandlung eines Wesens, das uns so ähnlich ist – worum geht es dabei eigentlich? „Traditionspflege“? Oder ist dies ein besonders grausames Kapitel in unserem Krieg gegen die Natur, geführt von einer der ältesten Kulturnationen, noch dazu in genau dem Gebiet, in dem vor etwa 17 000 Jahren unsere Hunde entstanden? Wie auch immer – es bleibt unfassbar und empörend. Glücklicherweise steigt auch in China mittlerweile der Widerstand gegen das barbarische „Fest“, bis hinauf in die Regierung.

Zum Thema Grausamkeit einer Kulturtradition mag einem als Erstes der Stierkampf einfallen, aber Hunde sind von ähnlichen Kämpfen massiv betroffen. Vom Kurdenland bis nach Pakistan, und unter Geheimhaltung fast weltweit, sind Hundekämpfe immer noch an der Tagesordnung. In uralter Tradition werden Hunde eigens für den Kampf gegen andere Hunde oder sogar Wölfe gezüchtet. Es ist ganz einfach, im Internet Bilder von angeketteten Wölfen zu finden, die von einer Meute Hunde langsam zerrissen werden, oder von Hunden, die einander zerfleischen.

Unsere besten Freunde sind Spiegelbild des menschlichen Wesens. Müssen sie noch immer als Projektionsflächen der grausamen Seiten des Menschen dienen, des einzigen Säugetiers, welches das Töten zur Kultur erhoben hat? Es scheint so. Zwar ist extreme Grausamkeit gegen Menschen und Hunde weltweit ein Minderheitenprogramm und hoffentlich rückläufig; dennoch befürchte ich, dass es sie wohl noch lange geben wird.

Wie kommt es, dass Menschen derart unterschiedliche Zugänge und Einstellungen zu Menschen und anderen Tieren entwickeln? Dies ist wohl Beleg für die Macht kultureller und individueller Unterschiede, obwohl sich alle Menschen genetisch aufgrund der evolutionären Herkunft äußerst ähnlich sind. Durch ihre Domestikation in sozialer Anpassung an Menschen wurden Hunde zu unserem *Alter Ego,* sehr nahe an uns selbst. Wahrscheinlich ist das mit ein Grund dafür, dass das gesamte Spektrum des zwischenmenschlichen Umgangs auch Hunde trifft; manchmal sogar stellvertretend für Menschen, wie das Prager Beispiel zeigt.

Folgerichtig widerspiegelt sich der momentane rasante gesellschaftliche Wandel weltweit auch in den Beziehungen zu Hunden. Die Bedeutung der Hunde nimmt vor allem in städtischen Gesellschaften zu, in einem Beziehungsspektrum von der effizienten Arbeitspartnerschaft bis zum Kind-Ersatz. Dafür gibt es eine enorme Vielfalt von Hunden: von den eben erwähnten Kampfhunden, die in den Peripherien der Städte als Begleiter immer beliebter werden, über „gerettete" Straßen- und Tierheimhunde bis hin zu Rassehunden für alle möglichen Lebenslagen und Einsatzgebiete. In den Städten weltweit, besonders aber in Ostasien, geht der Trend stark Richtung Zwerghund. Die Welpen warten in Tierhandlungen sauber gestapelt in Schuhschachteln auf den Verkauf, wie ich selbst in Japan staunend erlebt habe. Sie lassen sich praktisch in der Handtasche unterbringen – das perfekte Accessoire für viele Gelegenheiten! Oder sie bleiben in der Wohnung, eine alte Zeitung in einem Zimmer dient zur Erledigung der Geschäfte. Und wenn es in Richtung Gassi geht, wird das Hündchen angezogen oder immer öfter in einem Wägelchen durch die Gegend geschoben. „Nackte" Hunde auf den eigenen vier Pfoten – das ist ja auch wirklich gar zu primitiv und animalisch! Italienische Designerkleidung, kopiert von chinesischen Billigfirmen, umfasst schicke Tages- oder Cocktailkleider, Hochzeitskleider und Spitzenunterwäsche für Yorkshire-Terrier und Mops.

Verlieren Menschen im Umgang mit Hunden zunehmend jedes Maß – auch in der positiven Zuwendung? Sind Zwerghunde ein einfach zu handhabendes „Du" im Ein- bis Zwei-Kilogramm-Format, ein bisschen miniaturisierter Körper um die Seele eines Freundes, der so immer präsent sein kann?

Die „kleinen Prinzen" gibt es nicht nur in China, sondern auch in Europa – in Form von Kindern, aber auch von Hunden. Überbehütete und überversorgte, daher sozial unterbelichtete und fettleibige Einzelkinder und -hunde. Manch wohlmeinender Hundemensch quält seine Lieblinge durch diese maßlose Übertreibung unbeabsichtigt, im Versuch, die Zuwendung des Hundes durch materielle Überfürsorge zu sichern oder das Umfeld damit zu beeindrucken, wie groß die Liebe zum Hund doch ist. Ausnahmsweise stimme ich zu, dass dies eine wahrlich schreckliche Vermenschlichung darstellt!

Natürlich werden Hunde zwangsläufig vermenschlicht, sie sind, wie ich schon ausgeführt habe, ja das externe Ego ihrer Menschen, die Projektionsflächen von deren Persönlichkeit und Vorstellungen.[167] Doch die Zuwendung treibt mitunter gar zu seltsame Blüten: Nur das Schmusetier nicht durch Radfahren oder Laufen überfordern. Und wenn es nicht alle drei Minuten Wasser bekommt, fällt er sicher tot um! Da wird auf die Führungsrolle verzichtet – die provoziert bekanntlich Frust und Aggression. Und wird das Hundchen verhaltensauffällig, gibt es Bachblüten oder Homöopathie. „Hundeflüsterer" werden gewechselt wie das sprichwörtliche Hemd – zumindest so lange, bis einer genau das sagt, was man hören will. Und so weiter und so fort.

Das liebesmotivierte Hundequälsyndrom scheint sich auszubreiten. Einer Recherche eines bekannten Journalisten zufolge sind von den zehntausenden Nutzern der heimischen Hundeforen über 90 Prozent weiblich, das Durchschnittsalter liegt bei unter 20 Jahren. Jedes Jahr posten sie mehrere Millionen Beiträge. Etwa die Hälfte vertritt aus

167 Urquiza-Haas und Kotrschal, 2015

Sicht einer hundegerechten, partnerschaftlichen Haltung seltsame Meinungen – Tendenz steigend. Dazu passt, dass mehr als die Hälfte aller Hunde in Österreich übergewichtig sind; anderswo wird das nicht viel anders sein. Obwohl es dazu kaum Daten gibt, gehe ich davon aus, dass im Ländervergleich der Anteil fettleibiger Hunde dem Anteil der fettleibigen Menschen entsprechen dürfte.

Eigentlich können wir gar nicht anders, als Tiere zu vermenschlichen. Das menschliche Gehirn hat im Laufe der Evolution Mechanismen entwickelt, uns mit den relevanten Bereichen der Welt vertraut zu machen. Das „Vermenschlichen" – also andere Wesen und Dinge dieser Welt mit unserem Weltbild in Einklang zu bringen und zu interpretieren – ist letztlich eine Methode, mit den für uns relevanten Dingen und Personen in eine geistige Beziehung zu treten, sie uns gewissermaßen „anzueignen". Wir gestalten uns unweigerlich eine Welt, wie wir sie haben wollen. Das betrifft natürlich auch all unsere Beziehungen, inklusive die zu Hunden.

Die Welt mit Menschenaugen sehen

Aber können wir die Welt überhaupt erkennen, „wie sie ist"? Wahrlich, ein philosophischer Klassiker! Gemeinhin halten wir das, was wir sehen, für wahr und wirklich. Dabei ist es bestenfalls unsere subjektive Wirklichkeit, die wir aufgrund unserer Sinneseindrücke und Erfahrungen bilden. Menschen und andere Tiere bilden „mentale Repräsentationen", also Bilder im Kopf, die es erlauben, Erwartungen im Umgang mit den wichtigen Objekten und Subjekten dieser

Welt zu entwickeln. Ein Wolf – oder ein Fisch oder eine Biene – werden andere mentale Repräsentationen haben als ein Mensch.

So sehen wir auch Hunde nicht, wie sie „wirklich" sind (wie könnten wir das schon wissen?), sondern wie wir sie sehen wollen und können. Und selbst darin gibt es Unterschiede zwischen den Menschen: Die mentalen Repräsentationen der Hundeschlächter im chinesischen Yulin werden sich wahrscheinlich von den Überbehüterinnen und Spitzenunterwäschefans ziemlich stark unterscheiden – sicherlich auch dadurch, dass die einen die sozialen Funktionen ihrer Gehirne samt Empathie und allen Bereichen, die für soziale Zuwendung zur Verfügung stehen, zugunsten eines technischen Zugangs weggeschaltet haben.

Das mit der „Wirklichkeit" ist also so eine Sache. Bereits der große österreichisch-amerikanische Kommunikationswissenschaftler und Psychiater Paul Watzlawick meinte völlig zu Recht: „In Wirklichkeit ist die Wirklichkeit nicht wirklich wirklich." Er meinte damit die subjektive Weltsicht jedes Lebewesens. Denn was die Sinnesorgane liefern, ist das Rohmaterial für das Gehirn, um die für uns relevante Welt zu interpretieren und zu repräsentieren. Was wir glauben, objektiv wahrzunehmen, durchlief bereits den komplexen Filtermechanismus der Wahrnehmung, gewürzt mit dem, was in den mentalen Repräsentationen bereits an Information und emotionaler Bewertung gespeichert war.

Der menschliche Forschungsdrang ist allerdings auch darauf angelegt, bereits bestehende Repräsentationen, also Gewissheiten, zu hinterfragen und neue anzulegen, die ebenfalls ständig hinterfragt werden müssen. Das erledigt in Ansätzen bereits der eingebaute Update-Mechanismus für mentale Repräsentationen. Im Umgang mit Hunden etwa werden die mentalen Repräsentationen über die Kategorie Hund und über ein ganz bestimmtes Individuum Hund etwa fünfmal pro Sekunde von unserem Stirnhirn auf den neuesten Stand gebracht.[168]

Die vermeintlichen Gewissheiten sind also weder unveränderlich, noch sind sie rein rational oder objektiv. Und sie differieren teils sehr stark zwischen unterschiedlichen Individuen. Ein nahezu paradoxes Problem für uns, die wir Wissenschaft betreiben. Wir sind ja auch beruflich auf die Arbeit mit mentalen Repräsentationen angewiesen. Mit viel Aufwand bemühen wir uns darum, unsere subjektiven Weltsichten zu standardisieren und das Irrationale relativ zur wissenschaftlichen Sichtweise in den Repräsentationen zurückzudrängen. Daher beruhen die möglichst objektiven Aussagen der Wissenschaft – auch über Hunde – auf standardisierten Methoden, die vor allem dazu dienen, die subjektive Konstruktion der Welt über Sinnesorgane und Gehirn in Grenzen zu halten.

Ziel der Wissenschaft ist es, in ihrem eigenen Referenzrahmen zu gültigen Aussagen zu kommen. Sie wird nicht „die Wahrheit" erzeugen. Die kann es in den empirischen Wissenschaften aus mancherlei Gründen nicht geben. Methode und Theoriebezug in den Wissenschaften sorgen aber dafür, dass „objektive Aussagen" auch über Hunde getroffen werden können, wie sie im Zentrum dieses Buches stehen. So beruht die Aussage, dass Hunde untereinander weniger tolerant sind als Wölfe, auf dem Ergebnis von standardisierten und wiederholbaren Versuchen. Man

168 Cunningham und Zelazo, 2007

kann sich daher auf die objektive Gültigkeit dieser Aussage einigen.

Wie es heute mit den Hunden so ist

Warum steigt gerade mit zunehmender Verstädterung die Hundehaltung an, statt als seltsames Überbleibsel eines längst verflossenen Lebensstils eher abzunehmen? Kompensieren Menschen so eine zunehmende Naturentfremdung, die ihren biophilen Bedürfnissen zuwiderläuft? Oder sind gerade Hunde besonders wirksam, die stress- und angstmachenden Wirkungen eines Lebens in komplexen und beschleunigten Gesellschaften abzupuffern, wie in Kapitel 2 diskutiert? Sind sie also tatsächlich ein wichtiges Element für ein glückliches Leben auch unter Bedingungen, für welche die menschliche Psyche evolutionär nicht vorgesehen war? Und da die Beziehung zu Tieren immer auch einen Spiegel für die Verfasstheit von Gesellschaft darstellt: Kann das zunehmende Bedürfnis, gerade in Städten mit Hunden zu leben, als Indiz für eine humaner werdende Gesellschaft gesehen werden? Oder kompensieren Menschen vielmehr ihre zunehmende soziale Entfremdung, Entwurzelung und Verunsicherung, ihre zunehmende soziale Inkompetenz, indem sie mit Hunden leben?

Obwohl mir der Kulturpessimismus eines Arnold Gehlen oder Konrad Lorenz fern liegt, muss ich gegen meinen subjektiven Eindruck ankämpfen, dass immer mehr junge Frauen entweder mit Hunden oder mit anderen Frauen zusammenleben. Ich verstehe als evolutionär denkender Biologe und als Beobachter der Boulevardmedien durchaus, dass ein Leben mit Männern für Frauen oft mühsam oder sogar gefährlich sein kann. Rein kriminalstatistisch ist der Ex der gefährlichste Faktor für das Leben einer Frau, und durch den neuen Freund der Mutter kommen allzu häufig ihre noch abhängigen Kinder zu Schaden.

Kompensieren Hunde in solchen Konstellationen möglicherweise soziale Bedürfnisse oder auch den Wunsch nach einem Kind, weil es sich mit einem Hund schlicht einfacher und konfliktärmer lebt als mit einem menschlichen Partner oder Kind? Der perfekt an Menschen angepasste Hund als „soziale Falle" sozusagen?

Das waren gerade fünf in Fragen verpackte Hypothesen in Richtung der Ursachen dafür, dass in Städten immer mehr Hunde gehalten werden. Vielleicht trifft jede davon ein wenig zu, vielleicht auch keine. Verwunderlich eigentlich, dass es zu diesem wichtigen Thema kaum Daten gibt, wohl weil erst wenige Soziologinnen und Psychologen die Brisanz dieser Frage erkannt haben: Dass es hier nicht „nur" um die Beziehung zum Hund geht, sondern generell um die Passung der Menschen an den urbanen Lebensraum. Deshalb sollte uns, allen voran die Verantwortlichen für Städteplanung und Architektur, die Frage interessieren, wie wir zu einer menschen- und hundegerechten Stadt kommen.

Es gibt gute, bereits dargelegte Argumente dafür, das Leben mit Hunden als Menschenrecht zu sehen. Dies ist in der Planung von Städten, Stadtvierteln und Wohnungen zu berücksichtigen. Wohn- und Lebensraum für Menschen, der sich nicht optimal für ein Leben mit Hunden eignet, ist auch nicht wirklich menschengerecht, wenn Tier- und Hundehaltung zu den menschlichen Grundbedürfnissen zählen. Zudem ist eine hundegerechte Stadt quasi automatisch auch eine kindergerechte Stadt. Viele Familien mit Kleinkindern halten Hunde in bewusster oder unbewusster „Einsicht" ihrer Bedeutung für die Entwicklung der Kinder. Kinder, Hunde, Eltern und Hundehalter und -halterinnen brauchen Freiräume in der Stadt, Bewegungs- und Verweilzonen im öffentlichen Raum, Begegnungszonen miteinander und mit Menschen, die (noch) ohne Hunde leben. Viele dieser Begegnungszonen sollten für Kinder und Hunde offenstehen.

Natürlich belästigen immer wieder übergriffige Hunde andere Leute, weil ihr Mensch dies insgeheim duldet oder vielleicht sogar will, weil sich der Hund so aufführt, wie man es als Mensch tunlichst nicht sollte, oder schlicht, weil der Mensch seinen Hund nicht im Griff hat. Es sind zudem nicht alle Menschen hundebegeistert. Deshalb muss es auch getrennte Bereiche geben. Zwar ist prinzipiell nicht einzusehen, warum Hunde nicht auch in Museen, in Sozial- und Bildungseinrichtungen oder Lokalen sein dürfen – das Hygieneargument hat ja längst ausgedient, und in vielen Lokalen sind Hunde heute zugelassen oder werden sogar hofiert. Bei aller Hundefreundlichkeit gibt es aber sicher auch gute Gründe für hundefreie Zonen, etwa in Konzerten oder im Theater, in manchen Restaurants und Hotels. Genauso wie es kinderfreie Hotels gibt, in welchen dem Vernehmen nach oft sogar liebende Eltern Urlaub von den eigenen Kindern machen …

Es ist offensichtlich, dass sich auch die Art der gehaltenen Hunde mit der Zeit wandelt. Dominieren heute in den Innenstädten Kleinhunde und nette Labrador Retriever, werden in Randbezirken von sozial schwächeren Schichten eher sogenannte Kampfhunde wie Staffordshire bevorzugt.

Es sind nicht nur die Züchter und Züchterinnen, die die Richtung bestimmen, welche Hunde sich durchsetzen, eine große Rolle spielen auch die Vorlieben der Leute, die natürlich stark durch Werbung, Moden, Filme und so weiter beeinflusst werden.

So hat jede Gesellschaft die zu ihr passenden Hunde. Oder zumindest Hunde, die viel über die Verfasstheit einer Gesellschaft und ihren Wandel aussagen. Relativ ursprüngliche Dorfhunde überleben, wo sich die Leute nicht viel um sie kümmern und sie nicht als Sozialgefährten mit im Haus leben. In Mitteleuropa dominierte nach dem Zweiten Weltkrieg der Deutsche Schäferhund. Er steht für Ernsthaftigkeit, Arbeitseinsatz, Wehrhaftigkeit und Verteidigungsbereitschaft – und für ein sehr konservatives Weltbild. Seine häufige Haltung im Zwinger belegt, dass er von seinen Leuten oft nicht als voller Sozialgefährte betrachtet wird. Im Vergleich zu anderen Hundevereinen zählen die Schäferhundeklubs weltweit immer noch die meisten Mitglieder. Doch der Anteil von Schäferhunden an den Rassehunden ist in Mitteleuropa von mehr als 50 Prozent vor 30 Jahren kontinuierlich auf derzeit etwa 20 Prozent gesunken. Das hat nicht nur mit aufgetretenen Problemen durch Überzüchtung zu tun, sondern mit dem Wandel der Gesellschaft.

Mit der Entwicklung der Demokratie, der Gleichstellung von Frauen und mit einem zunehmenden Interesse an sozialen und psychologischen Zusammenhängen, an sozialer Kompetenz und generell Soft Skills kam es zu einer „Retrieverisierung". Der Golden Retriever steht als Code für einen freundlichen, weitgehend aggressionsfreien Sozialgefährten. Soziologisch gesehen gehören deren Halter und Halterinnen zu jener Gruppe von netten Leuten, die man als

„Urban Friendly Dog Owners“ bezeichnen könnte. Sie sehen ihre Hunde vor allem als nette Sozial- und Freizeitgefährten, mit denen man im Prinzip den ganzen Tag zusammenlebt, wenn nicht sogar im selben Bett schläft.

Die Riege der besonders menschenfreundlichen, friedlichen Hunde rekrutiert sich vor allem aus Jagdhunden wie Labrador oder Beagle, deren ursprünglicher Zuchtzweck ihrem Verhalten als Begleit- und Familienhund durchaus noch anzumerken ist, selbst wenn die Menschen mit Jagd nichts mehr am Hut haben. Nach der Zahl der gezüchteten Welpen führt der Labrador Retriever heute die Liste der beliebtesten Rassehunde in Deutschland an, gefolgt von Chihuahua, Französischer Bulldogge, Deutschem Schäferhund, Yorkshire- und Jack Russell Terrier, Golden Retriever, Australian Shepherd, Dackel, Border Collie, Deutscher Dogge und Mops. Der Trend geht also eindeutig in Richtung als freundlich geltende, teils auch kleine Hunde. Was aber nicht unbedingt dasselbe ist. Gerade die Kleinen können sich sehr aggressiv verhalten. Dies wird aber meist nicht sehr ernst genommen, wahrscheinlich weil sich der daraus entstehende Schaden in Grenzen hält.

Ein ganz anderes Bild zeichnen die Hunderassen-Nennungen in Internetforen. Hier führt der American Staffordshire Terrier vor dem Labrador (der „nette“ Ausreißer in dieser Runde), dem Miniatur Bull Terrier, Bull Terrier, der Französischen Bulldogge, dem Rottweiler und Staffordshire Terrier. Der hohe Anteil sogenannter „Listenhunde“, also von Rassen, die in manchen Kommunen und Gesetzen als gefährlich eingestuft werden, scheint den gesellschaftlichen Gegenwind gegen diese Rassen zu untermauern. Dies wiederum bewegt offenbar deren Fans dazu, in sozialen Netzwerken besonders für und über ihre Hunde aktiv zu sein.

„Den“ gesellschaftlichen Trend in der Hundehaltung gibt es also nicht. Man findet das volle Spektrum, vom Hund als sozialem Brückenbauer zwischen Menschen über den Hund als Statussymbol und Zeichen sozialer Zugehörigkeit bis hin zum Kampfgefährten gegen „die anderen“.

Wobei wie in anderen Bereichen auch die Internet- und Facebook-Gesellschaft den Hundesektor fraktioniert und die Bildung rassebezogener Gruppen fördert. Die neue Qualität dieser Gruppenbildung besteht vor allem darin, dass die elektronischen Medien die für bestimmte Personen vorgesehenen Informationen nach deren früher gezeigten Interessen filtern. Dies verstärkt bestehende Meinungen, fördert Gruppenbildung und führt zu einer Polarisierung der Bevölkerung. Nicht nur, aber auch was Hunde betrifft.

Die Entwicklungen der letzten Jahre deuten bereits an, wie die Hund-Mensch-Geschichte weitergehen könnte. Einerseits wird zwar die Menschheit durch Globalisierung und Digitalisierung immer homogener, andererseits findet aber auch eine Fraktionierung innerhalb der klassischen Gesellschaften statt. Das Ideal der Einheit von Staaten auf Basis von Ethnien oder Verfassung hat sich nicht durchgesetzt. Wir sehen das unter anderem in den sozialen Netzwerken, in denen sich Untergruppen ethnisch, religiös oder weltanschaulich definieren. Diese Entwicklung hat auch vor Hunden nicht halt gemacht.

Generell wird der Hund als Sozialgefährte künftig für noch mehr Leute noch wichtiger werden. Ob das je zu einem „Wahlrecht für Hunde" führt, wie 2013 bei der Eröffnungsrede der Kasseler Documenta unter Einbeziehung der Erdbeeren gefordert wurde? Carolyn Christov-Bakargiev, die künstlerische Leiterin dieser deutschen Kunstschau, meinte damals: „Es gibt keinen grundlegenden Unterschied zwischen Frauen und Hunden oder zwischen Männern und Hunden." Auf die Frage, ob Hunde wie Frauen wählen dürfen sollten, antwortete sie: „Warum nicht? Gehört die Welt denn weniger den Hunden als den Frauen?" Die Frage sei nicht, „ob wir Hunden oder Erdbeeren die Erlaubnis zum Wählen erteilen, sondern *wie* eine Erdbeere ihre politische Intention vorbringen kann". Das mag reichlich überspitzt klingen und war wohl auch so gemeint; aber es zeigt sich darin doch eine Veränderung der Einstellung zu Tieren. Nicht nur ein paar Tierfreunde pochen darauf, Tieren den ihnen zustehenden Platz in unserer Gesellschaft einzuräumen, sondern zunehmend auch Leute aus Wissenschaft und Kunst. Menschen verstehen andere Tiere zunehmend als Mitgeschöpfe mit eigenen Rechten und lehnen die Rolle des Menschen als allmächtiges Wesen über andere Tiere immer mehr ab.

Es liegt in der Natur der Seelenverwandtschaft von Hund und Mensch, dass Letzterer wohl für immer die fürsorgliche Führerrolle einnehmen muss. Doch wird die Art der Partnerschaft künftig wahrscheinlich in unterschiedliche Typen zerfallen. Es wird „Friendly Urban Dog Owners" geben und „Angry Young People", um nur zwei im Moment besonders auffällige Beispiele zu nennen. Die Zukunft liegt sicherlich weder in einer zunehmenden Gleichberechtigung von Menschen und Hunden – in einem geistigen „Von-der-Leine-Lassen" –, noch im Zurückschrauben der menschlichen Verantwortlichkeit.

Für die Zukunft hoffe ich auf eine wachsende Einsicht in die grundlegend wichtige Natur der Beziehung zu Hunden auf Basis der neuen Erkenntnisse, die ich versucht habe, in diesem Buch zu vermitteln. So sollte es zu einer wesentlich besseren Integration von Hund und Mensch in den Gesellschaften dieser Welt kommen.

Wenn Hunde und Menschen einander guttun, warum dann nicht auch konsequent optimale Bedingungen für das Zusammenleben schaffen? Das wäre zum Wohle aller, nicht nur der Hunde und ihrer Menschen. Es braucht die entsprechende integrative Politik. Und es braucht Räume, in denen Menschen gut mit ihren Hunden leben können. Das ist auch wichtig dafür, die Menschen seelisch fit zu machen für die in naher Zukunft zu erwartenden weiteren Krisen, Katastrophen und Traumata im Zusammenhang mit Übervölkerung und Klimawandel.

Aber vielleicht kommt es ja doch nicht so dick. Zumindest theoretisch könnten wir auf technischem Wege zum Beispiel CO_2 wieder aus der Atmosphäre holen und in unterirdische Hohlräume pressen. In Erwartung solcher technologischen Wolkenkuckucksheime stellen Staaten das Zwei-Grad-Klimaziel übrigens ernsthaft infrage. Erstaunlich. Glauben die Leute wirklich an futuristisch-technologische Lösungen für sozial verursachte Probleme, oder tun sie nur so?

Fast alle Probleme, mit denen wir es gerade zu tun haben oder noch bekommen werden, sind letztlich sozialer

Natur bzw. entspringen dem menschlichen Sozialverhalten. Sie wurzeln also letztlich im Wesen des Menschen. Ich denke daher nicht, dass die großen Probleme der heutigen Welt in nachhaltiger Weise rein technologisch gelöst werden können. Die bislang produzierten technischen Innovationen mögen zwar Lösungen geboten und Möglichkeiten geschaffen haben, allerdings verursacht jede Innovation immer auch neue, spezifische Probleme. „There is no free lunch", wie es in den USA so treffend heißt.

Auch die digitale Revolution war zunächst nicht dazu gedacht, den Zusammenhalt von Staaten und Gesellschaften zu untergraben. Gerade sie ist aber ein hervorragendes Beispiel für die Licht- und Schattenseiten von Innovation. Einerseits befördert sie eindeutig die Demokratisierung der Gesellschaft und hat bisher die Möglichkeiten zur Kontrolle der Mächtigen verbessert. Andererseits führt die „Facebookisierung" der Gesellschaft auch zu einem Zerfall in eine Art alter Stammesstrukturen. Das ist dramatischer, als es klingt: Denn Stammeszugehörigkeiten aktivieren das Denken „wir gegen die anderen". Das darauf beruhende Auseinanderfallen der Bürgergesellschaft macht uns anfällig für die Manipulation durch Mächtige, heute vor allem die Wirtschaft.

Ich meine das alles nicht prinzipiell technologiefeindlich – das Messer kann bekanntlich nichts dafür, wenn es zum Töten missbraucht wird. Doch die Menschheit täte gut daran, sich ernsthaft der Frage zu stellen, ob sie ihr Heil ausschließlich in futuristisch-technologischen Lösungen finden wird. Warum CO_2 nicht lieber vermeiden, statt es dann mühsam aus der Atmosphäre zurückgewinnen zu wollen? Warum das Fortschreiten des Klimawandels nicht mit allen Mitteln bekämpfen, statt auf spätere Reparaturen zu setzen?

Wenn wir Menschen nachhaltig gemeinsam mit anderen Lebewesen auf dieser Erde weiterbestehen wollen, müssen wir endlich ein vernünftiges Verhältnis zu Technik und Innovation entwickeln. Die sind weder Teufelswerk noch Heilsverheißung – sie sind einfach Mittel zum Zweck. Ohne Technologie und Innovation werden die Probleme der Welt kaum zu bewältigen sein; nur durch sie aber auch nicht.

Natürlich sind Phantasien keine Grenzen gesetzt. Ein Flug zum Mars? Warum nicht? Aber ich frage mich doch, ob die Leute noch bei Sinnen sind, wenn sie ein solches Projekt als eine Art Explorationsexpedition für die dauerhafte Besiedelung des Mars auffassen, nach dem Motto: „Die Erde haben wir ruiniert, lasst uns auf einen neuen Planeten ausweichen." Eines kann ich mit Sicherheit sagen: Hunde mit ihren Menschen würden auf dem Mars nicht glücklich werden.

Eine andere Idee sind ins Gehirn implantierbare Chips als Schnittstelle zwischen Gehirn und Elektronik. Sie sind keine Zukunftsmusik mehr. Warum also nicht die Phantasie entwickeln, auf solche Art eine telepathische Kommunikation zwischen Hund und Mensch zu etablieren? Oder Hunden Chips zu implantieren, um sie mittels Joystick steuerbar zu machen? Touchscreens zur interaktiven Unterhaltung von Hunden allein zu Hause gibt es schon, Videos zur Unterhaltung von Katzen auch. Aber ich denke nicht, dass damit jenem Potenzial gedient ist, das in der Beziehung zu Tieren liegt. Es ist doch genau die Face-to-Face-Kommunikation, die unsere sozialen Bedürfnisse befriedigt. Wollen wir soziale Beziehungen angemessen pflegen, entkommen wir den „alten" Kommunikationsmechanismen nicht. Dies lehrt auch die Erfahrung mit sozialen Medien und der

Kommunikation via Internet, welche zwar eine gute Ergänzung zur direkten Kommunikation darstellen, sie aber nicht ersetzen.

Ich plädiere auch für die Hundehaltung, weil Hunde jene Wesen sind, die uns besonders gut erlauben, die typisch menschlichen – eigentlich säugetiertypischen – sozialen Bedürfnisse zu leben. Und ganz konkret kann ein bewusstes Leben mit Hunden vielleicht auch die Einsicht fördern, dass es völlig inakzeptabel ist, dem Wolf, der Wildform des Hundes, das Lebensrecht neben uns zu verwehren.

Ein bewusstes Leben mit Hund kann den zum nachhaltigen Überdauern der Menschheit so dringend benötigten Mentalitätswechsel unterstützen: den Wechsel von den (scheinbaren) Beherrschenden der Erde zurück zu der Sichtweise, bescheidene Gäste auf diesem Planeten zu sein, eine von vielen Spezies, die alle das gleiche Recht auf Überleben haben. Hunde können zu Botschaftern dieser neuen Bescheidenheit werden, ein Antidot zur weiteren hemmungslosen Vermenschlichung im Sinne von Zerstörung der Welt. Es geht vor allem um eine Rückbesinnung auf Soft Skills: um Menschlichkeit und soziale Kompetenz, die auch die anderen Tiere neben uns einbezieht. Zurück zu den Wurzeln also, indem wir die positiven Aspekte der Einstellungen unserer altsteinzeitlichen Vorfahren zur Stellung des Menschen in der Welt wiederbeleben.

Unabhängig von den Zuständen der Gesellschaft, von Innovation und technologischen Revolutionen liegt heute und in aller Zukunft letztlich genau darin die große Chance des Zusammenlebens mit Hunden.

LITERATUR-VERZEICHNIS

Wissenschaftliche Artikel

Akos Z, Beck R, Nagy M, Vicsek T, Kubinyi E 2014. Leadership and path characteristics during walks are linked to dominance order and individual traits in dogs. PLoS 10: e1003446. doi:10.1371/journal.pcbi.1003446

Albuquerque N, Guo K, Wilkinson A, Savalli C, Otta E, Mills D 2016. Dogs recognize dog and human emotions. Biol. Lett. 12: 20150883

Anderson TM et al. 2009. Molecular and evolutionary history of melanism in North American Gray Wolves. Science: 1339–1343

Axelsson E, Ratnakumar A, Arendt ML, Maqbool K, Webster MT, Perloski M, Liberg O, Arnemo JM, Hedhammar A, Lindblad-Toh K 2013. The genomic signature of dog domestication reveals adaptation to a starch-rich diet. Nature 495: 360–364

Balme J, O'Connor S 2015. Dingoes and Aboriginal social organization in Holocene. Australia Journal of Archaeological Science: Reports 7: 775–781

Beetz A, Julius H, Turner D, Kotrschal K 2012a. Effects of social support by a dog on stress modulation in male children with insecure attachment. Frontiers in Psychology 3: 1–9 doi: 10.3389/fpsyg.2012.00352

Beetz A, Uvnäs-Moberg K, Julius H, Kotrschal K 2012b. Psychosocial and psychophysiological effects of human-animal interactions: the possible role of oxytocin. Frontiers in Psychology 3: 1–16 doi: 10.3389/fpsyg.2012.00234

Belyaev DK 1972. Destabilizing selection as a factor in domestication. Heredity 70: 301–308

Berns GS, Brooks A, Spivak M, 2013. Replicability and heterogeneity of awake unrestrained canine fMRI responses. PLoS ONE 8: e81698. doi:10.1371/journal.pone.0081698

Bocherens H, Drucker DG, Germonpre M, Laznickova-Galetova M, Naito YI, Wissing C, Bruzek J, Oliva M 2014. Reconstruction of the Gravettian food-web at Predmostí I using multi-isotopic tracking (13C, 15N, 34S) of bone collagen. Quaternary International Vol. 359–360: 211–228

Boitani L, Ciucci P, 1995. Comparative social ecology of feral dogs and wolves. Ethology Ecology and Evolution 7: 49–72 doi:10.1080/08927014.1995.9522969

Bonanni R, Cafazzo S, Valsecchi P, Natoli E, 2010. Effect of affiliative and agonistic relationships on leadership behaviour in free-ranging dogs. Animal Behaviour 79: 981–991

Brosnan SF, De Waal FBM 2003. Monkeys reject unequal pay. Nature 425: 297–299 doi:10.1038/nature01963

Cafazzo S, Valsecchi P, Bonanni R, Natoli E 2010. Dominance in relation to age, sex and competitive contexts in a group of free-ranging domestic dogs. Behavioural Ecology 21: 443–455 doi:10.1093/beheco/arq001

Chijiiwa H, Kuroshima H, Hori Y, Anderson JR, Fujita K 2015. Dogs avoid people who behave negatively to their owner: third-party affective evaluation. Animal Behaviour 106: 123–127

Coan JA 2011.The social regulation of emotion. In: J. Decety & T. Cacioppo (Eds.): Handbook of Social Neuroscience, NY, Oxford University Press

Coppinger R, Schneider R 1995. The evolution of working dogs. In J.A. Serpell (Ed.): The domestic dog (21–50). Cambridge: Cambridge University Press

Cunningham WA, Zelazo PD 2007. Attitudes and evaluations: a social cognitive neuroscience perspective. TREE 11: 97–104

Cunningham CL, Ramos MF 2013. Effect of training and familiarity on responsiveness to human cues in domestic dogs (Canis familiaris). Animal Cognition Doi: 10.1007/s10071-013-0714-z

Da Silva Vasconcellos A, Ades C, Kotrschal K 2012. Social stress in wolves: Biology, behavior and conservation. Ana Paula Maia and Henrique F. Crussi (Eds.). NY: Nova Science Publishers

Da Silva Vasconcellos A, Virányi Z, Range F, Ades C, Scheidegger J, Möstl E, Kotrschal K 2016 (in Druck). Training reduces stress in human-socialised wolves to the same degree as in dogs. PLoS ONE

DeLoache JS, Pickard MB, LoBue V 2011. How very young children think about animals. In S. McCune, S.J.A. Griffin, & V. Maholmes (Eds.): How animals affect us: Examining the influences of human-animal interaction on child development and human health, (pp. 85–99). Washington, DC: American Psychological Association

Diamond A, Lee K 2011. Interventions shown to aid executive function development in children 4 to 12 years old. Science 333: 959–964

Dinets V 2015. The Canis tangle: a systematic overview and taxonomic recommendations. Vavilov Journal of Genetics and Breeding 19: 286–291

Dilks DD, Cook P, Weiller SK, Berns HP, Spivak M, Berns GJ 2015. Awake fMRI reveals a specialized region in dog temporal cortex for face processing. Peer Journal 3:e1115; DOI 10.7717/peerj.1115

Dodman NH 2016. Genomic Risk for Severe Canine Compulsive Disorder, a Dog Model of Human OCD. International Journal of Applied Research in Veterinary Medicine 14

Druzhkova AS et al. 2013. Ancient DNA Analysis Affirms the Canid from Altai as a primitive dog. 2013 PLoS ONE 8: e57754. doi:10.1371/journal.pone.0057754

Duranton C, Bedossa T, Gaunet F 2016. When facing an unfamiliar person, pet dogs present social referencing based on their owners' direction of movement alone. Animal Behaviour 113: 147–156

Ehmann R, Boedeker E, Friedrich U, Sagert J, Dippon J, Friedel G, Walles T 2012. Canine scent detection in the diagnosis of lung cancer: revisiting a puzzling phenomenon. European Respiratory Journal 39: 669–676 Doi: 10.1183/09031936.00051711

Erdohegyi A, Topál J, Virányi Z, Miklósi Á 2007. Dog-logic: inferential reasoning in a two-way choice task and its restricted use. Animal Behaviour 74, 725–737

Farago T, Pongrácz P, Range F, Virányi Z, Miklósi Á 2010. 'The bone is mine': affective and referential aspects of dog growls. Animal Behaviour 79(2010): 1–9

Feuerbacher EN, Wynne CDL 2015. Shut up and pet me! Domestic dogs (Canis lupus familiaris) prefer petting to vocal praise in concurrent and single-alternative choice procedures. Behavioural Processes 110: 47–59

Fogg BR, Howe N, Pierotti R 2015. Relationships between indigenous American peoples and wolves 1: Wolves as teachers and guides. Journal of Ethnobiology 35: 262–285 Doi: http://dx.doi.org/10.2993/etbi-35-02-262-285.1

Frank H, Frank MG 1982. On the effects of domestication on canine social development and behaviour. Applied Animal Ethology 8: 507–525

Frantz LAF et al. 2016. Genomic and archaeological evidence suggests a dual origin of domestic dogs. Science 352: 1228–1231

Friedmann E, Katcher AH, Lynch JJ, Thomas SA 1980. Animal companions and one-year survival of patients after discharge from a coronary care unit. Public Health Reports 95: 307–312

Friedmann E, Barker SB, Allen KM 2011. Physiological correlates of health benefits from pets. In: P. McCardle, S. McCune, J. A. Griffin & V. Maholmes (Hg.): How Animals Affect Us: Examining the Influence of Human-Animal Interaction of Child Development and Human Health (163–182). Washington, DC: American Psychological Association

Fukuzawa M, Hayashi N 2013. Comparison of 3 different reinforcements of learning in dogs (Canis familiaris). Journal of Veterinary Behavior 8: 221–224

Gácsi M, Topál J, Miklósi Á, Dóka A, Csányi V 2001. Attachment behavior of adult dogs (Canis familiaris) living at rescue centers: Forming new bonds. Journal of Comparative Psychology 115: 423–431

Gácsi M, Gyori B, Virányi Z, Kubinyi E, Range F, Belényi B, Miklósi Á 2009. Explaining dog wolf differences in utilizing human pointing gestures: Selection for synergistic shifts in the development of some social skills. PLoS ONE 4: e6584. doi:10.1371/journal.pone.0006584

Gácsi M, Vas J, Topál J, Miklósi Á 2013. Wolves do not join the dance: Sophisticated aggression control by adjusting to human social signals in dogs. Applied Animal Behaviour Science 145: 109–122

Garvey EM et al. 2014. Morbidity of pediatric dog bites: A case series at a level one pediatric trauma center. Journal of Pediatric Surgery 50: 343–346

Germonpré M, Láznicková-Galetová Sablin MV 2012. Palaeolithic dog skulls at the Gravettian Předmostí site, the Czech Republic 2012 Journal of Archaeological Science 39: 184–202

Goodson JL 2005. The vertebrate social behavior network: Evolutionary themes and variations. Hormones and Behavior 48: 11–22 doi: 10.1016/j.yhbeh.2005.02.003

Guo-Dong Wang et al. 2016. Out of Southern East Asia: the natural history of domestic dogs across the world. Cell Research 26: 21–33. doi:10.1038/cr.2015.147

Handlin L, Hydbring-Sandberg E, Nilsson A, Ejdebäck M, Jansson A, Uvnäs-Moberg K 2011. Short-term interaction between dogs and their owners: Effects on oxytocin, cortisol, insulin and heart rate – an exploratory study. Anthrozoös 24: 301–315

Hare B, Tomasello M 2005. Human-like social skills in dogs? Trends in Cognitive Sciences 9: 439–444

Hare B, Wobber V, Wrangham R 2012. The self-domestication hypothesis: evolution of bonobo psychology is due to selection against aggression. Animal Behaviour 83: 573–585

Harris CR, Prouvost C 2014. Jealousy in dogs. PLoS ONE 9: e94597. Doi:10.1371/journal.pone.0094597

Hart BL, Hart LA, Thigpen AP, Willits NH 2014. Long-term health effects of neutering dogs: Comparison of labrador retrievers with golden retrievers. PLoS ONE 9(7): e102241. doi:10.1371/journal.pone.0102241

Hart BL, Hart LA, Thigpen AP, Willits NH 2016. Neutering of German shepherd dogs: associated joint disorders, cancers and urinary incontinence. Veterinary Medicine and Science doi: 10.1002/vms3.34

Headey B, Na F, Zheng, R 2008. Pet dogs benefit owner's health: a "natural experiment" in China. Social Indicators Research 84: 481–493

Hecht J, Miklósi Á, Gácsia M 2012. Behavioral assessment and owner perceptions of behaviors associated with guilt in dogs. Applied Animal Behaviour Science 139: 134–142

Hindrikson M, Mannil P, Ozolins J, Krzywinski A, Saarma U 2012. Bucking the trend in wolf-dog hybridization: First evidence from Europe of hybridization between female dogs and male wolves. 2012 PLoS ONE 7(10): e46465. doi:10.1371/journal.pone.0046465

Horn L, Huber L, Range F 2013. The importance of the secure base effect for domestic dogs – evidence from a manipulative problem-solving task. PLoS ONE 8: e65296. doi:10.1371/journal.pone.0065296

Horváth Z, Igyártó BZ, Magyar A, Miklósi Á 2007. Three different coping styles in police dogs exposed to a short-term challenge. Hormones and Behavior 52: 621–630

Horváth Z, Dóka A, Miklósi Á 2008. Affiliative and disciplinary behavior of human handlers during play with their dog affects cortisol concentrations in opposite directions. Hormones and Behavior 54: 107–114

Jun-Feng Pang et al. 2009. mtDNA data indicate a single origin for dogs South of Yangtze river, less than 16,300 years ago, from numerous wolves. http://mbe.oxfordjournals.org/

Kis A, Turcsán B, Miklósi Á, Gácsi M 2012. The effect of the owner's personality on the behaviour of owner-dog dyads. Interaction Studies 13: 373–385

Koblmüller S, Vilà C, Lorente-Galdos B, Dabad M, Ramirez O, Marques-Bonet T, Wayne RK, Leonard JA 2016. Whole mitochondrial genomes illuminate ancient intercontinental dispersals of grey wolves (Canis lupus) J. Biogeogr. doi:10.1111/jbi.12765

Konok V, Kosztolányi A, Rainer W, Mutschler B, Halsband U, Miklósi Á 2015. Influence of owners' attachment style and personality on their dogs' (Canis familiaris) separation-related disorder. PLoS ONE 10: e0118375. doi:10.1371/journal.pone.0118375

Koolhaas JM, Bartolomucci A, Buwalda B 2011. Stress revisited: A critical evaluation of the stress concept. Neuroscience and Biobehavioral Reviews 35, 1291–1301

Kortekaas K, Kotrschal K 2016 (in Druck). Wolves (Canis lupus) are quicker than dogs (Canis lupus familiaris) to freely use a treadmill, but dogs are more relaxed during training

Kotrschal K, Schöberl I, Bauer B, Thibeaut A-M, Wedl M 2009. Dyadic relationships and operational performance of male and female owners and their male dogs. Behavioural Processes 81: 383–391

Kotrschal K, Auer M, Bauer N, Glatz B, Heszle M, Wedl M, Range F, Virányi Z, Hampl C 2013. Are dogs (Canis lupus familiaris) more cooperative during leash walking than equally raised and kept wolves (Canis lupus occidentalis)? 13th International IAHAIO Conference 20.–22.07.2013, Chicago, Oral

Kotrschal K, Day J, McCune S, Wedl M 2014. Human and cat personalities: building the bond from both sides. In: D.C. Turner, P. Bateson (Eds.): The Domestic Cat (3rd ed.). Cambridge: Cambridge University Press

Kotrschal K 2016. Do companion animals support social, emotional and cognitive development of children? In: L. Freund, S. McCune, P. McCardle, L. Esposito & N. Gee (Eds.): Social Neuroscience of Human-Animal Interaction. NIH-Waltham Symposium on HAI and Child Development, Washington

Kubinyi E, Topál J, Miklósi Á, Csányi V 2003. Dogs (Canis familiaris) learn from their owners via observation in a manipulation task. Journal of Comparative Psychology 117: 156–165

Kubinyi E, Virányi Z, Miklósi Á 2007. Comparative social cognition: From wolf and dog to humans. 2007 Comparative Cognition and Behaviour Reviews 2: 26–46

Kubinyi E, Pongrácz P, Miklósi Á 2009. Dog as a model for studying conspecific and heterospecific social learning. Journal of Veterinary Behavior 4, 31–41

Lakatos G 2011. Evolutionary approach to communication between humans and dogs. Ann Ist Super Sanità 47: 373–377 Doi: 10.4415/ANN_11_04_08

Linnell et al. 2002. The fear of wolves: a review of wolf attacks on humans. NINA report

Lit L, Schweitzer JB, Oberbauer AM 2011. Handler beliefs affect scent detection dog outcomes. Animal Cognition 14: 387–394

Losey RL, Bazaliiskii VI, Garvie-Lok S, Germonpré M, Leonard JA, Allen AL, Katzenberg MA, Sablin MV 2011. Canids as persons: Early neolithic dog and wolf burials, Cis-Baikal, Siberia. Journal of Anthropological Archaeology 30: 174–189

Marshall-Pescini S, Ceretta M, Prato-Previde E 2014. Do domestic dogs understand human actions as goal-directed? PLoS ONE 9: e106530. doi:10.1371/journal.pone.0106530

Marshall-Pescini S, Virányi Z, Range F 2015. The effect of domestication on inhibitory control: Wolves and dogs compared. PLoS ONE 10: e0118469. doi:10.1371/journal.pone.0118469

Mazzini F, Townsed S, Virányi Z, Range F 2013. Wolf howling is mediated by relationship quality rather than underlying emotional stress. Current Biology 23: 1677–1680

Mech LD, Boitani L 2003. Wolf social ecology. In: L.D. Mech, L. Boitanin (Eds.): Wolves: Behavior, ecology, and conservation. Chicago: University of Chicago Press; 131–160

Miklósi Á, Kubinyi E, Topál J, Gácsi M, Virányi Z, Csányi V 2003. A simple reason for a big difference: Wolves do not look back at humans, but dogs do. Current Biology 13: 763–766

Miklósi Á, Topál J 2013. What does it take to become 'best friends'? Evolutionary changes in canine social competence. Trends in Cognitive Sciences 17: 287–294. doi: 10.1016/j.tics.2013.04.005

Mitchell RW 2001. Americans' talk to dogs: Similarities and differences with talk to infants. Research on Language and Social Interaction 34: 183–210

Molnar C, Pongrácz P, Farago T, Doka A, Miklósi Á 2009. Dogs discriminate between barks: The effect of context and identity of the caller. Behavioural Processes 82: 198–201

Moretti L, Hentrup M, Kotrschal K, Range F 2015. The influence of relationships on neophobia and exploration in wolves and dogs. Animal Behaviour 107: 159–173

Müller CA, Schmitt K, Barber AL, Huber L 2015. Dogs can discriminate emotional expressions of human faces. Current Biology (online first). doi: 10.1016/j.cub.2014.12.055

Müller CA, Riemer S, Virányi Z, Huber L, Range F 2016. Inhibitory control, but not prolonged object-related experience appears to affect physical problem-solving performance of pet dogs. PLoS ONE 11: e0147753. doi:10.1371/journal.pone.0147753

Musiani M et al. 2007. Differentiation of tundra/taiga and boreal coniferous forest wolves: genetics, coat colour and association with migratory caribou. Molecular Ecology 16: 4149–4170 Doi: 10.1111/j.1365-294X.2007.03458.x

Naderi SZ et al. 2001. Co-operative interactions of blind persons and their dogs. Applied Animal Behaviour 74: 59–80

Naderi SZ, Miklósi Á, Doka A, Csányi V 2002. Does human-dog attachment affect their interspecific cooperation? Acta Biologica Hungarica 53: 537–550

Nagasawa M, Mitsui S, En S, Ohtani N, Ohta M, Sakuma Y, Onaka T, Mogi K, Kikusui T 2015. Oxytocin-gaze positive loop and the coevolution of human-dog bonds. Science 348: 333–336 DOI: 10.1126/science.1261022

O'Connel LA, Hofmann HA 2011. The vertebrate mesolimbic reward system and social behavior network: A comparative synthesis. Journal of Comparative Neurology 519: 3599–3639

Oliva JL, Rault JL, Appleton B, Lill A 2015. Oxytocin enhances the appropriate use of human social cues by the domestic dog (Canis familiaris) in an object choice task. Animal Cognition 18: 767–775 Doi: 10.1007/s10071-015-0843-7

Ostojica L, Tkalci M, Clayton NS 2015. Are owners' reports of their dogs' 'guilty look' influenced by the dog action and evidence of them is deed? Behavioural Processes 111: 97–100

Ovodov ND et al. 2011. A 33,000-year-old incipient dog from the Altai mountains of Siberia: Evidence of the earliest domestication disrupted by the last glacial maximum. PLoS ONE 6: 2011e22821. doi:10.1371/journal.pone.0022821

Palagi E, Nicotra V, Cordoni G 2015. Rapid mimicry and emotional contagion in domestic dogs. Royal Society Open Science 2: 150505 http://dx.doi.org/10.1098/rsos.150505

Parker GH et al. 2004. Genetic structure of the purebred domestic dog. Science 304: 1160–1164 DOI: 10.1126/science.1097406

Pilot M et al. 2015. On the origin of mongrels: evolutionary history of free-breeding dogs in Eurasia. Proceedings of the Royal Society B 282: 20152189

Pongrácz P, Molnár C, Miklósi Á 2010. Barking in family dogs: An ethological approach. The Veterinary Journal 183: 141–147

Pongrácz P, Molnár C, Dóka A, Miklósi Á 2011. Do children understand man's best friend? Classification of dog barks by pre-adolescents and adults. Applied Animal Behaviour Science 135: 95–102

Pongrácz P, Bánhegyi P, Miklósi Á 2012. When rank counts – dominant dogs learn better from a human demonstrator in a two-action test. Behaviour 149: 111–132

Prato-Previde E, Valsecci P 2014. The immaterial cord: The dog-human attachment bond. In: J. Kaminski, M. Marshall-Pescini (Eds.): The Social Dog. Behaviour and Cognition. Amsterdam etc: Academic Press

Skoglund P, Ersmark E, Palkopoulou E, Dale L 2015. Ancient wolf genome reveals an early divergence of domestic dog ancestors and admixture into high-latitude breeds. Current Biology 25: 1515–1519

Quervel-Chaumette M, Dale R, Marshall-Pescini S, Range F 2015. Familiarity affects other-regarding preferences in pet dogs. Scientific Reports 5: 18102 doi: 10.1038/srep18102

Panksepp J 2005. Affective consciousness: Core emotional feelings in animals and humans. Consciousness and Cognition 14: 30–80

Ragatz L, Fremouw W, Thomas T, McCoy K 2009. Vicious Dogs: The antisocial behaviors and psychological characteristics of owners. Journal of Forensic Science 54 doi: 10.1111/j.1556-4029.2009.01001.x

Range F, Horn L, Virányi Z, Huber L 2007. Selective imitation in domestic dogs. Current Biology doi:10.1016/j.cub.2007.04.026

Range F, Horn L, Virányi Z, Huber L 2008. The absence of reward induces inequity aversion in dogs. www.pnas.orgcgidoi10.1073pnas.0810957105

Range F, Virányi Z 2011. Development of gaze following abilities in wolves (Canis lupus). PLoS ONE 6: e16888. doi:10.1371/journal.pone.0016888

Range F, Huber L, Heyes C 2011. Automatic imitation in dogs. Proceedings of the Royal Society B 278: 211–217 doi:10.1098/rspb.2010.1142

Range F, Möslinger H, Virányi Z 2012. Domestication has not affected the understanding of means-end connections in dogs. Animal Cognition Doi: 10.1007/s10071-012-0488-8

Range F, Virányi, Z 2013. Social learning from humans or conspecifics: differences and similarities between wolves and dogs. Frontiers in Psychology doi: 10.3389/fpsyg.2013.00868

Range F, Virányi Z 2014. Wolves are better imitators of conspecifics than dogs. PLoS ONE 9: e86559. doi:10.1371/journal.pone.0086559

Range F, Virányi, Z 2015. Tracking the evolutionary origins of dog-human cooperation: the "Canine Cooperation Hypothesis". Frontiers in Psychology doi: 10.3389/fpsyg.2014.01582

Range F, Ritter C, Virányi, Z 2015. Testing the myth: tolerant dogs and aggressive wolves. Proceedings of the Royal Society B 282: 20150220. http://dx.doi.org/10.1098/rspb.2015.0220

Sacks BN, Brown SK, Stephens D, Pedersen NC, Jui-Te Wu Berry O 2013. Y chromosome analysis of dingoes and Southeast Asian village dogs suggests a neolithic continental expansion from Southeast Asia followed by multiple Austronesian dispersals. Mol. Biol. Evol. doi:10.1093/molbev/mst027

Scheiber I, Weiß IBR, Hemetsberger J, Kotrschal K 2013. The social life of Greylag geese. Patterns, mechanisms and evolutionary functions. Cambridge: Cambridge University Press

Schilder MBH, Vinke CM, van der Borg JAM 2014. Dominance in domestic dogs revisited: useful habit and useful construct? Journal of Veterinary Behavior Doi: 10.1016/j.jveb.2014.04.005

Shannon LM, et al. 2015. Genetic structure in village dogs reveals a Central Asian domestication origin. www.pnas.org/cgi/doi/10.1073/pnas.1516215112 2015

Skoglund P, Ersmark E, Palkopoulou E, Dale L 2015. Ancient golf genome reveals an early divergence of domestic dog ancestors and admixture into high-latitude breeds. Current Biology 25: 1515–1519

Schleidt WM, Shalter MD 2003. Co-evolution of humans and canids. An alternative view of dog domestication: Homo homini lupus? Evolution and Cognition 9: 57–72

Schöberl I, Schmidjell T, Wedl M, Kotrschal K 2016 (in Druck). Human and dog as a social dyad: Psychobiological factors affecting each other's cortisol variability in human-dog dyads

Solomon J, Beetz A, Schöberl I, Gee N, Kotrschal K 2016 (in Druck). Attachment security in companion dogs: Adaptation of Ainsworth's Strange Situation and classification procedures to dogs and their human caregivers

Somppi S, Törnqvist H, Kujala MV, Hänninen L, Krause CM, Vainio O 2016. Dogs evaluate threatening facial expressions by their biological validity – evidence from gazing patterns. PLoS ONE 11 doi:10.1371/journal.pone.0143047

Svartberg K, Forkman B 2002. Personality traits in the domestic dog (Canis familiaris). Applied Animal Behaviour Science 79: 133–155

Svartberg K, Tapper I, Temrin H, Radesaeter T, Thorman S 2005. Consistency of personality traits in dogs. Animal Behaviour 69: 283–291 doi:10.1016/j.anbehav.2004.04.011

Thalmann O, et al. 2013. Complete Mitochondrial genomes of ancient canids suggest a European origin of domestic dogs. Science 342 DOI: 10.1126/science.1243650

Tinbergen N 1963. On aims and methods of ethology. Zeitschrift für Tierpsychologie 20: 410–433

Teglas E, Gergely A,3 Kupan K, Miklósi Á, Topál J 2012. Dogs' gaze following is tuned to human communicative signals. Current Biology doi:10.1016/j.cub.2011.12.018

Topál J, Miklósi Á, Csányi V 1997. Dog-human relationship affects problem solving behaviour in the dog. Anthrozoös 10: 214–224

Topál J, Miklósi Á, Csányi V, Dóka A 1998. Attachment Behavior in Dogs (Canis familiaris): A new application of Ainsworth's (1969) Strange Situation Test. Journal of Comparative Psychology 112: 219–229

Topál J, Byrne RW, Miklósi Á, Csányi V 2006. Reproducing human actions and action sequences: "Do as I Do!" in a dog. Animal Cognition 9: 355–367 Doi: 10.1007/s10071-006-0051-6

Torres de la Riva G, Hart BL, Farver TB, Oberbauer AM, Messam LLM, et al. 2013. Neutering dogs: Effects on joint disorders and cancers in golden retrievers. PLoS ONE 8: e55937. doi:10.1371/journal.pone.0055937

Toth L, Gácsi M, Topál J, Miklósi Á 2008. Playing styles and possible causative factors in dogs' behaviour when playing with humans. Applied Animal Behaviour Science 114: 473–484

Turcsán B, Range F, Virányi Z, Miklósi Á, Kubinyi E 2012. Birds of a feather flock together? Perceived personality matching in owner–dog dyads. Applied Animal Behaviour Science 140: 154–160

Urquiza-Haas EG, Kotrschal K 2015. The mind behind anthropomorphic thinking: attribution of mental states to other species. Animal Behaviour 109: 167–176

Utrata E, Virányi Z, Range F, 2012. Quantity discrimination in wolves (Canis lupus). Frontiers in Psychology doi: 10.3389/fpsyg.2012.00505

van Asch B, Zhang A, Oskarsson MCR, Klutsch CFC, Amorim A, Savolainen P 2013. Pre-Columbian origins of Native American dog breeds, with only limited replacement by European dogs, confirmed by mtDNA analysis. Proceedings of the Royal Society B 280: 20131142. doi.org/10.1098/rspb.2013.11

Virányi Z, Topál J, Gácsi M, Miklósi Á, Csányi V 2004. Dogs respond appropriately to cues of humans' attentional focus. Behavioural Processes 66: 161–172

Virányi Z, Gácsi M, Kubinyi E, Topál J, Belényi B, Ujfalussy D, Miklósi Á 2008. Comprehension of human pointing gestures in young human-reared wolves

(Canis lupus) and dogs (Canis familiaris). Animal Cognition 11: 373–387 Doi: 10.1007/s10071-007-0127-y

Waller BM, Peirce K, Caeiro CC, Scheider L, Burrows AM, McCune S, Kaminski J 2013. Paedomorphic facial expressions give dogs a selective advantage. PLoS ONE 8: e82686. doi:10.1371/journal.pone.0082686

Wallis LJ, Virányi Z, Müller CA, Serisier S, Huber L, Range F 2016. Aging effects on discrimination learning, logical reasoning and memory in pet dogs. AGE 38: 6 DOI 10.1007/ s11357-015-9866-x

Wascher CAF, Scheiber IBR, Kotrschal K 2008. Heart rate modulation in bystanding geese watching social and non-social events. Proceedings of the Royal Society B. 275: 1653–1659

Wedl M, Kotrschal K, Julius H, Beetz A 2015. Children with avoidant or disorganized attachment relate differently to a dog and to humans during a socially stressful situation. Anthrozoös, 28:4, 601–610

Wilkins A, Wrangham RW, Tecumseh Fitch W 2014. The "Domestication syndrome" in mammals: A unified explanation based on neural crest cell behavior and genetics. Genetics 197: 795–808; DOI: 10.1534/genetics.114.165423

Witt KE, Judd K, Kitchen A, Grier C, Kohler DA, Ortman SG, Kemp BM, Malhi RS 2015. DNA analysis of ancient dogs of the Americas: Identifying possible founding haplotypes and reconstructing population histories. Journal of Human Evolution 79: 105–118

Bücher

Blazina C, Kogan L (expected date of publication: 2016). Men and their dogs: A new psychological understanding of 'man's best friend'

Bowlby J 1969. Attachment and loss, Vol. 1: Attachment. New York: Basic Books

Bradshaw J 2011. Dog sense. How the new science of dog behaviour can make you a better friend to your pet. New York: Basic Books

Coppinger R, Feinstein M 2015. How dogs work. Chicago: The University of Chicago Press

Grandin T, Johnson C 2005. Animals in translation. Using the mysteries of autism to decode animal behaviour. NY, Scribner

Herre W, Röhrs M 1973. Haustiere, zoologisch gesehen. Stuttgart: Fischer

Herzog H 2012. Wir streicheln und wir essen sie. Unser paradoxes Verhältnis zu Tieren. Hanser

Jensen P (Ed.) 2007. The behavioural biology of dogs. Wallingford: GABI

Julius H, Beetz A, Kotrschal K, Turner D, Uvnäs-Moberg K 2012. Attachment to pets. An integrative view of human–animal relationships with implications for therapeutic practice. Göttingen: Hogrefe

Julius H, Beetz A, Kotrschal K, Turner D, Uvnäs-Moberg K 2014. Bindung zu Tieren. Psychologische und neurobiologische Grundlagen tiergestützter Interventionen. xvi + 237 Göttingen: Hogrefe

Kaminski J, Marshall-Pescini M (Eds.) 2014. The social dog. Behaviour and cognition. Amsterdam: Academic Press

Kellert SR 1985. Attitudes toward animals: Age-related development among children. Advances in Animal Welfare Science. New York: Springer

Kellert SR, Wilson EO 1993. The biophilia hypothesis. Washington: Islands Press

Kotrschal K, Bromundt V, Föger B 2004. Faktor Hund. Eine sozio-ökonomische Bestandsaufnahme der Hundehaltung in Österreich. Wien: Czernin

Kotrschal K 2012. Wolf, Hund, Mensch. Die Geschichte einer Jahrtausende alten Beziehung. Wien: Brandstätter

Kotrschal K 2014. Einfach beste Freunde. Warum Menschen und andere Tiere einander verstehen. Wien: Brandstätter

Kruuk H 2008. Hunter and hunted. Cambridge University Press

Kundera M 1986. Die unerträgliche Leichtigkeit des Seins. München, Hanser

Levinson BM, Mallone GP 1997. Pet-oriented child psychology. 2nd Edition, Springfield, USA: C.C. Thomas

Lorenz K 1960. So kam der Mensch auf den Hund. Wien: Borotha-Schöler

Lorenz K 1973. Die acht Todsünden der zivilisierten Menschheit. Wien: Borotha-Schöler

Louv R 2012. Das Prinzip Natur. Weinheim und Basel: Beltz

Miklósi Á 2007. Dog behaviour, evolution and cognition. Oxford: Oxford University Press

Rowlands M 2009. Der Philosoph und der Wolf: Was ein wildes Tier uns lehrt. Rogner & Bernhard, 4. Auflage

Schneider W 2014. Der Soldat. Ein Nachruf. Eine Weltgeschichte von Helden, Opfern und Bestien. Rowohlt

Scott JP, Fuller JL 1965. Genetics and the social behavior of the dog. Chicago: University of Chicago Press

Serpell JA 1986. In the company of animals. Oxford: Basil Blackwell

Serpell JA (Ed.) 1995. The domestic dog. Cambridge: Cambridge University Press

Shipman P 2015. The Invaders. How humans and their dogs drove Neanderthals to extinction. Harvard University Press

Sommerfeld-Stur I 2016. Rassehundezucht: Genetik für Züchter und Halter. Rüschlikon: Müller

Ulmer T 2010. Der Hund in den Kulturen der Plains-Indianer. Marburg

Wilson EO 1984. Biophilia. Cambridge: Harvard University Press

Zimen E 1980. Der Wolf. Mythos und Verhalten. Wien, München: Meyster

Zimen E 1988. Der Hund. Abstammung, Verhalten, Mensch und Hund. München

DIE EVOLUTION
WIRD WEITERGEHEN.
– KURT KOTRSCHAL
KURT KOTRSCHAL
MENSCH
WOHER WIR KOMMEN,
WER WIR SIND,
WOHIN WIR GEHEN
Brandstätter
Brandstätter